Desalegn Amenu
Ayantu Nugusa

Manual de laboratório de biologia avançada (9.º a 12.º ano)

Desalegn Amenu
Ayantu Nugusa

Manual de laboratório de biologia avançada (9.º a 12.º ano)

Exercício prático de biologia (9.º a 12.º ano)

ScienciaScripts

Imprint

Cover image: www.ingimage.com

This book is a translation from the original published under ISBN 978-620-7-64938-9.

Publisher:
Sciencia Scripts
is a trademark of
Dodo Books Indian Ocean Ltd. and OmniScriptum S.R.L publishing group

120 High Road, East Finchley, London, N2 9ED, United Kingdom
Str. Armeneasca 28/1, office 1, Chisinau MD-2012, Republic of Moldova, Europe
Printed at: see last page
ISBN: 978-620-7-85324-3

Conteúdo

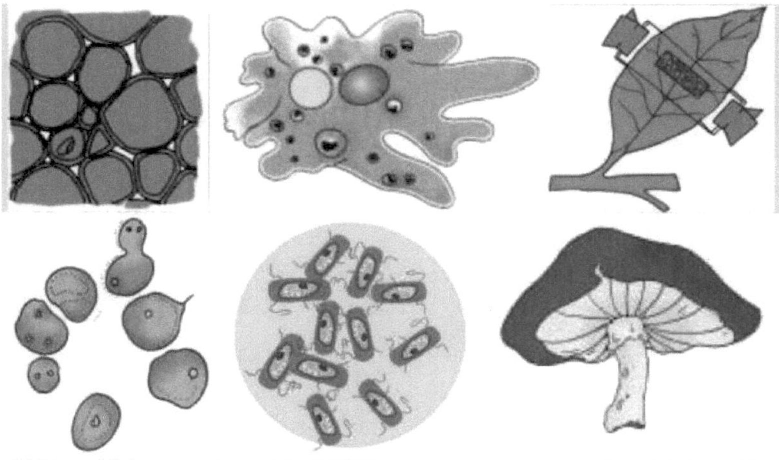

Autor: Ayantu Nugusa (B,Sc,Applied Biology)
Editor: Desalegn Amenu (PhD, Microbiologia)

Prefácio

Este manual de actividades laboratoriais representa um esforço para melhorar a instrução científica recebida pelos alunos do Ensino Secundário. O processo representado neste livro tornará o ensino de Biologia mais uniforme e proporcionará melhores oportunidades para todos os alunos que frequentam o Ensino Médio. É com este reconhecimento que o Manual de Laboratório de Ciências Biológicas para o Ensino Médio foi compilado. Os objectivos a serem especificamente alcançados com a utilização deste manual incluem:

1. Desenvolvimento de competências laboratoriais de base e de técnicas de medição
2. Utilização de tecnologia actualizada para documentar princípios científicos estabelecidos
3. Melhoria das capacidades de raciocínio científico através da ênfase na análise dos resultados científicos e
4. Tornar o processo de descoberta positivo e promover a faceta inquisitiva natural da natureza humana

CAPÍTULO 1

O laboratório é um local onde as ideias e os conceitos podem ser testados através de experiências. A biologia, como qualquer outra disciplina da ciência, baseia-se no trabalho experimental e, por conseguinte, a prática é parte integrante da aprendizagem. O laboratório de biologia proporciona um ambiente de aprendizagem único onde os alunos inculcam o temperamento científico, desenvolvem competências relevantes e são expostos ao domínio das técnicas e metodologias de investigação científica. As investigações laboratoriais em biologia aumentam a capacidade de raciocínio e a atitude científica do aluno, além de contribuírem para a aquisição de competências em matéria de processos científicos. Além disso, a observação da natureza e dos organismos vivos que nela se encontram não é menos importante para a compreensão de muitos aspectos da disciplina, especialmente a diversidade dos organismos vivos, o seu estudo sistemático e as suas relações entre si e com o ambiente. O conhecimento no domínio da biologia só pode ser adquirido ou construído com base em observações correctas e processos experimentalmente verificáveis.

Assim, o laboratório de biologia proporciona aos alunos um ambiente em que o processo de aprendizagem é facilitado por experiências práticas. A biologia é uma disciplina única no sentido em que não se limita ao estudo da morfologia, anatomia, fisiologia e reprodução dos organismos vivos; pelo contrário, a compreensão da matéria exige o conhecimento de uma série de áreas e abordagens interdisciplinares. Por um lado, um biólogo tem de ser suficientemente competente para lidar com a enorme diversidade dos organismos vivos, quer se trate de plantas, animais, fungos ou mesmo bactérias microscópicas, enquanto, por outro lado, deve ser capaz de compreender os fenómenos bioquímicos, moleculares, fisiológicos, comportamentais, genéticos e muitos outros fenómenos relativos aos organismos vivos. O estudo das relações intrincadas dos diferentes tipos de organismos entre si e também com o seu ambiente é uma preocupação importante de um biólogo. Assim, as experiências e os exercícios de biologia treinam o aluno nas suas capacidades de observação, na manipulação dos organismos para o estudo dos pormenores internos, na composição e nos processos bioquímicos e moleculares, na investigação do meio biótico e até na análise de fenómenos como a herança e a evolução.

No que diz respeito ao estudo do organismo vivo, a correção do método é muito importante. Este estudo pode ser muito simples, por exemplo, o estudo do hábito, do habitat e das características externas das plantas ou dos animais, ou pode implicar certas manipulações, como a dissecação e o corte em secções das partes dos organismos para estudar os pormenores minuciosos. Muitas vezes, a observação e o estudo da imagem ampliada das partes minúsculas num microscópio permitem uma melhor compreensão das características dos organismos. No entanto, o estudo microscópico implica certas competências específicas, consoante o tipo de organismos/tecidos/células a estudar. Implica preparações específicas (descamação, corte de secções, fixação, coloração, desidratação, montagem, etc.) para que o exame microscópico revele os pormenores esperados. Uma vez que as observações histológicas e citológicas nos dão apenas imagens estáticas dos processos contínuos, a análise dos aspectos bioquímicos, fisiológicos e ecológicos necessita de outro tipo de competências, como a preparação de produtos químicos e reagentes, a conceção e a realização de uma experiência, a observação e o registo de dados e, por fim, a interpretação e a elaboração de conclusões. Durante a realização de experiências, a honestidade no registo dos dados e a sua apresentação correcta é muito importante, pois não só é útil para a interpretação lógica como também ajuda a identificar erros.

No laboratório, o aluno deve ser muito cuidadoso e metódico. Deve ouvir atentamente as instruções dadas pelo professor/instrutor antes de efetuar uma experiência. No laboratório de biologia, o aluno tem de manusear uma série de objectos cortantes e, por isso, deve ter sempre a precaução e o cuidado necessários ao manusear objectos como tesouras, pinças, agulhas, bisturi, lâminas de barbear, etc. É também muito importante seguir as instruções de segurança mencionadas nos instrumentos e/ou no rótulo do reagente/químico. O aluno deve também ter conhecimento da utilização da caixa de primeiros socorros para que, em caso de acidente ou ferimento, possa ser prestada a primeira ajuda à pessoa afetada.

Ao descrever a experiência, os alunos devem seguir um padrão em que o objetivo da experiência, o seu princípio, a lista dos materiais a utilizar, o procedimento, a tabela de observação (se necessário), a inferência e a discussão devem ser apresentados. As precauções necessárias a tomar devem também ser mencionadas de forma adequada no procedimento ou no final. Há algumas experiências em que a visita ao terreno é essencialmente necessária. Todos os preparativos necessários (materiais, equipamentos, reagentes e produtos químicos) devem ser efectuados com antecedência. O desenho de ilustrações é também uma componente importante da prática em Biologia. Os alunos devem seguir certas regras fundamentais ao desenhar as ilustrações, de modo a que estas reflictam corretamente as suas observações.

/ Fazer as ilustrações apenas a lápis e utilizar sempre uma folha de desenho branca. A ilustração deve ficar no centro da página.

/ O desenho de um objeto (planta, animal ou instalação experimental) deve ser proporcional em tamanho.

/ Desenhar ilustrações mantendo o objeto à frente.

/ O desenho deve ser claro, com contornos simples.

Sobre o manual

O principal objetivo do manual é apresentar aos estudantes do ensino secundário o fascinante mundo das plantas, animais e micróbios e os seus complexos fenómenos biológicos. O manual contém uma descrição completa das experiências e dos exercícios. As experiências propostas abrangem quase todas as unidades/tópicos, incluindo as que se referem à diversidade do mundo vivo, à fisiologia vegetal, animal e humana, à genética, à biotecnologia e ao bem-estar humano e ao ambiente. Foi utilizado um formato normalizado para descrever cada experiência, que inclui

@ **Objetivo:** Apresenta um breve título da experiência a ser investigada.

@ **Princípio:** É uma introdução muito breve da experiência em estudo e explica o fenómeno biológico envolvido. Dá uma ideia breve mas completa sobre a conceção da experiência e explica o significado do fenómeno em estudo.

@ **Material necessário:** Inclui os nomes das plantas/animais a utilizar como "amostras"; o tipo de aparelho; o tipo e a quantidade de material de vidro necessário; reagentes, produtos químicos e soluções necessários, a sua concentração e outras especificações, métodos de preparação de soluções e reagentes. Se um determinado material/químico/vidraria não estiver disponível, são sugeridas alternativas suficientes.

@ **Procedimento:** Esta secção inclui todos os detalhes do procedimento experimental explicado passo a passo, incluindo as precauções especiais necessárias a tomar durante a realização da experiência.

Foram incluídos desenhos das amostras, dos aparelhos e da instalação experimental, sempre que necessário, para facilitar aos estudantes a realização da experiência com a maior exatidão possível.

@ **Observação e resultado:** Esta secção trata do registo de todas as observações feitas durante a experiência. Os alunos são aconselhados a considerar todos os dados. Sempre que possível, os dados podem ser representados sob a forma de tabelas, gráficos e histogramas. A utilização das unidades de medida das várias grandezas está indicada no manual.

@ **Discussão:** Inclui-se nesta rubrica uma declaração das conclusões retiradas dos resultados experimentais e compara-se a tese (sempre que possível) com quaisquer dados comparáveis de outras fontes. A relevância das conclusões retiradas dos resultados experimentais para os vários processos em investigação e para a vida das plantas, dos animais e dos micróbios foi salientada.

Precauções: Esta secção contém todas as precauções necessárias a tomar durante a experimentação para obter resultados isentos de erros. No entanto, foram feitas tentativas para mencionar as precauções necessárias juntamente com o procedimento.

Foi dada uma grande ênfase à obtenção de resultados válidos e à sua interpretação por parte do aluno. É essencial que o professor explique corretamente cada experiência para que os alunos inexperientes possam obter resultados exactos num prazo razoável. Espera-se também que os professores ajudem os alunos a identificar os erros e equívocos cometidos durante as experiências e as formas de os corrigir. É possível que alguns dos alunos sejam, sem dúvida, capazes de efetuar um trabalho mais sofisticado do que o apresentado no manual. No entanto, este tipo de curso introdutório foi concebido para ajudar todos os alunos a adquirirem uma experiência útil e agradável, realizando as suas próprias experiências.

Directrizes de segurança do laboratório

1) As experiências que irá realizar nos laboratórios de biologia podem ser interessantes e gratificantes. Alguns laboratórios dar-lhe-ão a oportunidade de experimentar em primeira mão algumas das coisas descritas no seu livro de texto. Outros laboratórios fornecerão informações e conhecimentos adicionais sobre tópicos relacionados com os apresentados no texto.

2) O trabalho de laboratório é uma parte integrante do curso de biologia e dar-lhe-á a oportunidade de desenvolver novas e valiosas competências analíticas e técnicas.

3) No decurso do seu trabalho de laboratório, irá manusear produtos químicos fortes, instrumentos afiados e peças de equipamento dispendiosas. Os acidentes no laboratório não acontecem por acaso - são causados por descuido, pressa e desrespeito pelas regras de segurança. As regras de segurança a serem seguidas no laboratório estão listadas abaixo.

A. **Geral**

1. Conhecer a localização do equipamento de emergência (estojo de primeiros socorros, extintor de incêndio, chuveiro de incêndio, cobertores de incêndio, bacia de lavagem dos olhos, etc.) e saber como utilizá-lo. No entanto, em geral, não deve utilizar nenhum destes equipamentos sem instruções directas do professor.
2. Conhecer os procedimentos de evacuação do laboratório a utilizar em caso de emergência.
3. Esteja preparado para trabalhar quando chegar ao laboratório. Leia o procedimento antes de chegar ao laboratório, para saber o que vai fazer.
4. Não trazer alimentos, bebidas ou pastilhas elásticas para o laboratório de biologia.

B. **Pessoal**

1. O vestuário deve ser adequado para trabalhar no laboratório. As peças de vestuário largas devem ser retiradas ou colocadas em segurança. As mangas compridas devem ser arregaçadas. As jóias que possam representar um risco para a segurança, tais como colares, correntes, medalhões ou pulseiras, não devem ser usadas no laboratório.
2. O cabelo comprido deve ser atado para trás ou coberto.
3. O uso de lentes de contacto no laboratório apresenta riscos particulares para os seus utilizadores. Os alunos que normalmente usam lentes de contacto devem mudar para óculos normais, se possível. Avisar o professor se tiver de usar lentes de contacto no laboratório.

C. **Preparação e procedimento do laboratório**

1. Certifique-se de que compreende o procedimento a utilizar em qualquer atividade laboratorial e os possíveis riscos inerentes a esse laboratório. Certifique-se de que faz perguntas para esclarecer qualquer coisa que não compreenda antes de iniciar a atividade.

2. Realize apenas as actividades laboratoriais atribuídas pelo seu professor. Nunca faça nada que não esteja indicado no procedimento laboratorial ou pelo seu professor.

3. Seguir cuidadosamente todas as instruções, tanto escritas como orais.

4. Devem ser usados óculos de proteção, luvas de proteção e um avental de laboratório quando aquecer substâncias, trabalhar com productos químicos, fazer dissecações ou manusear espécimes vivos ou preservados.

5. As áreas de trabalho devem ser mantidas sempre limpas e arrumadas. Apenas os manuais de laboratório devem estar na área de trabalho.

6. Manter todos os materiais combustíveis afastados de chamas abertas.

7. Nunca toque ou prove qualquer substância, exceto se o professor lhe der instruções específicas para o fazer.

8. Nunca coloque o seu rosto perto da boca de um recipiente que contenha produtos químicos.

9. Qualquer atividade que envolva vapores venenosos deve ser realizada na hotte. Elimine os resíduos de acordo com as instruções do seu professor.

10. Limpar e secar todas as superfícies de trabalho no final da aula. No final de cada sessão de laboratório, dê a si próprio tempo suficiente para uma limpeza correcta e adequada. Lavar bem as mãos.

11. Comunicar imediatamente todos os acidentes ao professor.

D. **Manuseamento do microscópio**

1. Nalguns laboratórios, utilizará um microscópio caro. Tenha muito cuidado ao manusear um microscópio. Transportar sempre o microscópio segurando o braço com uma mão e apoiando a base com a outra mão.

2. Colocar o microscópio sobre uma superfície plana e sem objectos. O braço deve estar virado para si. Não deslize ou desloque o microscópio quando este estiver numa superfície. Isto pode danificar as lentes objectivas no seu interior.

3. O microscópio tem de estar ligado a uma tomada eléctrica para ser alimentado. Tenha cuidado ao desligar o microscópio da tomada. (Ao retirar um cabo elétrico da tomada, segure sempre a ficha e não o próprio cabo elétrico).

4. Nunca coloque o microscópio perto de água, pois pode ocorrer um choque elétrico. Além disso, certifique-se de que as suas mãos estão secas antes de utilizar o microscópio.

5. Antes de iniciar um laboratório de microscopia, ligue o microscópio e olhe através da ocular. Se as lentes estiverem sujas, limpe-as com papel para lentes. Nunca utilize roupa ou toalhas de papel para limpar as lentes do microscópio (podem riscá-las).

6. Ao terminar um laboratório de microscopia, desligar o microscópio. Rodar a ponteira rotativa para a objetiva de varrimento. Certifique-se de que todas as lâminas estão fora da platina e, em seguida, baixe a platina o mais possível. Desligar o microscópio da tomada e enrolar o cabo elétrico à volta do

microscópio. Coloque uma proteção contra o pó sobre o microscópio.

E. **Manuseamento de produtos químicos**

1. Ler e verificar novamente os rótulos dos frascos de produtos químicos antes de os tomar.
2. Não devolver os produtos químicos não utilizados ou os restos de produtos químicos aos frascos de stock.
3. Ao transferir produtos químicos de um recipiente para outro, mantenha os recipientes afastados do seu corpo.
4. Quando se mistura um ácido com água, adiciona-se sempre o ácido à água.
5. Evitar tocar nos produtos químicos com as mãos. Se os produtos químicos entrarem em contacto com as suas mãos, lave-as imediatamente.
6. Ao etiquetar o conteúdo de um contentor, etiquete primeiro o contentor vazio e, em seguida, adicione o material correspondente ao contentor etiquetado. Este procedimento evita a possibilidade de um derrame durante o processo de rotulagem.

F. **Manuseamento de material de vidro**

1. Não utilizar objectos de vidro rachados, lascados, marcados ou muito riscados.
2. Nunca manusear o vidro partido com as mãos desprotegidas. Limpe o vidro partido e deite-o fora de acordo com as instruções do professor.
3. Não coloque material de vidro quente diretamente sobre a mesa do laboratório. Utilize sempre uma almofada isoladora de algum tipo.
4. Não colocar água fria em copos de vidro, pois podem partir-se.
5. Dê tempo suficiente para que o vidro quente arrefeça antes de lhe tocar. Lembre-se que a classe quente não mostra sinais visíveis da sua temperatura e pode causar queimaduras dolorosas.
6. Lubrifique sempre o material de vidro (tubos, termómetros, etc.) antes de o inserir numa rolha de borracha e proteja as suas mãos com toalhas de papel ou luvas de algodão.

G. **Substâncias de aquecimento**

1. Tenha muito cuidado quando utilizar um queimador de gás. Mantenha a cabeça e a roupa afastadas da chama.
2. Desligar sempre o queimador quando não estiver a ser utilizado.
3. Nunca olhar para dentro de um recipiente que esteja a ser aquecido.
4. Não colocar nenhuma substância em contacto com uma chama, a não ser que tenha recebido instruções para o fazer.
5. Quando aquecer uma substância num tubo de ensaio, certifique-se de que a boca do tubo não está apontada para si ou para outra pessoa.
6. Nunca deixar sem vigilância nada que esteja a ser aquecido.

H. **Manuseamento de instrumentos de dissecação e de espécimes conservados**

I. Os instrumentos de dissecação, como as tesouras e os bisturis, são muito afiados. Utilize sempre um movimento de corte direcionado para longe de si.

J. Durante a dissecação, se a lâmina do bisturi se partir, avise imediatamente o professor. Não tente retirar a lâmina partida sozinho.

K. Ao efetuar uma dissecação, certifique-se de que o espécime está bem fixo num tabuleiro de dissecação antes de começar a trabalhar.

L. Utilize os seus instrumentos com cuidado. Em geral, é necessária muito pouca força para efetuar incisões. O excesso de força irá provavelmente danificar os tecidos delicados.

S. Nunca toque nos olhos enquanto manuseia um espécime conservado. Lavar sempre bem as mãos com água e sabão depois de trabalhar com espécimes.

T. Eliminar o espécime conservado de acordo com as instruções do professor.

U. Limpar e secar todos os instrumentos de dissecação e recipientes de dissecação.

1. Manuseamento de espécimes vivos

1. Nalguns laboratórios, serão utilizados espécimes vivos. Os animais devem ser manuseados com cuidado para não causar excitação ou trauma indevidos.
2. Evitar submeter os espécimes a condições de stress, tais como exercício exaustivo ou estímulos dolorosos.
3. Quando se trabalha com culturas de microrganismos, é melhor assumir que estão presentes organismos nocivos. Evitar o contacto da pele com a cultura. Lavar bem as mãos com água e sabão depois de trabalhar com culturas.

CAPÍTULO 2

Microscópio

Objetivo: Estudar as partes de um microscópio composto.

Princípio: As imagens ampliadas e reais de objectos minúsculos são obtidas através da combinação de lentes. Um microscópio composto é um conjunto complexo de lentes que permite obter imagens altamente ampliadas de organismos vivos microscópicos e de pormenores intrincados de células e tecidos. Um microscópio composto monocular mono-objetivo é normalmente utilizado num laboratório de biologia.

Requisitos: Um microscópio composto, um pano de seda, líquido de limpeza de lentes e papel de limpeza de lentes.

Procedimento

Colocar o microscópio na mesa de trabalho e remover o pó, limpando o corpo do microscópio com um pano de seda. Limpar as lentes com um líquido de limpeza de lentes e um papel de limpeza de lentes. Identificar as diferentes partes do microscópio. Desenhar um esquema do microscópio e identificar as suas diferentes partes. Pegar numa preparação de lâmina permanente ou numa preparação temporária feita por si, mantê-la no palco, fixá-la com clips depois de a focar e observar. Aprender como se pode inclinar o microscópio movendo o braço do microscópio. Observar como se faz a focagem movendo os botões de regulação grosseira e de regulação fina.

Observação

i. O microscópio tem um pé basal forte e um braço vertical unidos por uma junta de inclinação. O braço pode ser inclinado em diferentes ângulos para uma utilização cómoda.

ii. A platina do microscópio tem uma forma redonda/retangular/quadrada e é fixada ao braço. No centro da platina existe um pequeno orifício circular coberto de vidro para a passagem da luz.

iii. A platina está equipada com dois clipes ou dispositivos mecânicos para fixar e manter a lâmina firmemente na sua posição. O material a observar é colocado à vista através do movimento da lâmina e depois fixado na posição desejada com a ajuda dos clipes.

iv. Um sub-estágio móvel (mecanismo de cremalheira) ou fixo está equipado com um diafragma de íris e um condensador. O condensador é um sistema de duas ou mais lentes que recebem raios de luz paralelos e os fazem convergir para o objeto através da íris e do orifício existente na platina.

v. Por baixo do condensador está instalado um espelho regulável. Tem um plano

superfícies côncavas para focar os raios de luz convergentes no objeto através do diafragma da íris e do condensador, de modo a obter uma imagem bem iluminada do objeto.

vi. O corpo do microscópio é constituído por um corpo tubular móvel

O tubo é elevado num mecanismo de cremalheira e pinhão. O tubo tem uma ocular ou ocular de ampliação específica (que pode ser alteraca para uma ampliação inferior ou superior, ou seja, 5X, 10X ou 15X). Também estão disponíveis oculares com ponteiro. Duas lentes objectivas de 10X, 40X ou 45X são montadas numa peça de nariz rotativa na extremidade inferior. Alguns microscópios podem também ter uma terceira lente objetiva (100X) chamada lente de imersão em óleo.

vii. O tubo com as lentes oculares e objectivas pode ser deslocado para para baixo para focar o objeto com nitidez, com a ajuda do botão de regulação grosseira e do botão de regulação fina. O objeto é visto primeiro com uma ampliação menor, utilizando o ajuste grosseiro e, em seguida, com uma ampliação maior, rodando a peça de nariz rotativa na qual estão montadas as lentes objectivas. Durante a visualização com uma ampliação maior, apenas o botão de regulação fina é utilizado para a regulação fina da focagem.

Ampliação

A ampliação de um microscópio é um múltiplo do valor X das lentes da ocular e da objetiva. Por exemplo, uma ocular de 5X e uma objetiva de 40X ampliam a imagem 5'40 = 200 vezes o tamanho do objeto. Do mesmo modo, quando se utiliza uma ocular de 10X e uma objetiva de 40X, o poder de ampliação será de 10 ' 40 = 400X. Geralmente, num microscópio composto, as lentes oculares são de 10X ou 15X e as lentes objectivas são de 10X e 40X.

Precaução

i. Limpar sempre as objectivas antes e depois da utilização do microscópio.

ii. Para limpar as lentes, utilize sempre líquido de limpeza de lentes e papel de limpeza de lentes.

iii. Durante a observação, a lente objetiva deve ser cuidadosamente ajustada de modo a não tocar na lâmina, para não a partir.

iv. Guardar sempre o microscópio no seu estojo depois de o utilizar

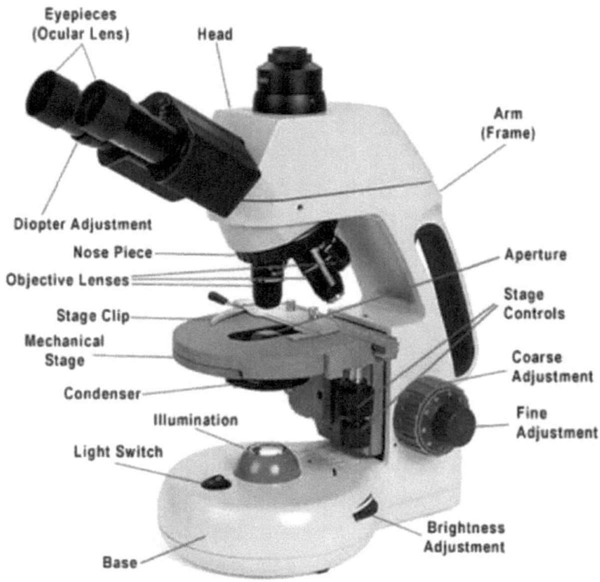

Figura 1. Microscópio composto

CAPÍTULO 3

1. Microorganismos

Bactérias

As bactérias (sing. : bacterium) são organismos unicelulares

A parede celular está presente.

@ Ausência de organelos ligados à membrana como mitocôndrias, núcleo, corpos de golgi, plastídeos, etc.

@ Os mesossomas estão presentes.

@ As bactérias existem em diferentes formas, como globular (coccus), em forma de bastonete (bacillus), espiral (spirullum) e em forma de vírgula (vibrio)

Cogumelo comestível comum

O cogumelo comestível comum é o corpo de frutificação ou basidiocarpo de Agaricus. O fungo é um saprófito que cresce num solo rico em húmus e com uma camada espessa de matéria orgânica semi-decomposta. O talo é constituído por uma massa subterrânea altamente entrelaçada de hifas espessas e incolores. Um corpo de frutificação jovem é uma estrutura branca, esférica, semelhante a um botão. Um corpo de frutificação maduro pode ser distinguido em duas partes (Fig. 2). (a) Um pedúnculo ou **estipe** ereto composto por uma massa de hifas dispostas verticalmente e (b) um **píleo** semelhante a um guarda-chuva ligado ventralmente no centro ao pedúnculo. Na base do estipe existe um anel em forma de colar, conhecido como **anel**, que é um resquício da cobertura do **basidiocarpo** jovem. (v) Na superfície inferior do píleo, existem estruturas em forma de placas radiantes denominadas brânquias, que irradiam do centro para a periferia. As brânquias contêm basídios e basidiósporos

Saccharomyces (Levedura)

Observar as seguintes características (Fig. 2.3): (i) As células têm forma oval ou esférica e são incolores.

(11) As células formam cadeias de botões que ajudam na propagação. (iii) Cada célula tem um vacúolo. (iv) Cada célula tem um único núcleo.

Objetivo: Identificar e estudar a morfologia de tipos representativos de bactérias, fungos e diferentes grupos de plantas.

Princípio: A morfologia é o estudo dos traços característicos das espécies. Pode ser um estudo de características externas ou internas. Os estudos morfológicos ajudam na identificação e classificação dos organismos.

Requisitos: Lâminas permanentes, secções à mão/fotografias de bactérias, leveduras, espécimes preservados/frescos de cogumelos, líquenes, plantas angiospérmicas (uma planta monocotiledónea como o milho e uma planta dicotiledónea como a ervilha/flor do sol).

Procedimento

1. O procedimento para o estudo dos organismos varia de um organismo para outro, consoante a sua forma e tamanho

2. Os organismos microscópicos, como as bactérias, as algas e os fungos, só podem ser estudados com a ajuda do microscópio. Observa as lâminas permanentes ao microscópio e anota os caracteres
3. Os espécimes de grandes dimensões (frescos ou conservados) podem ser examinados diretamente a olho nu ou com a ajuda de uma lente manual.
4. Compara as tuas observações com as características abaixo indicadas.

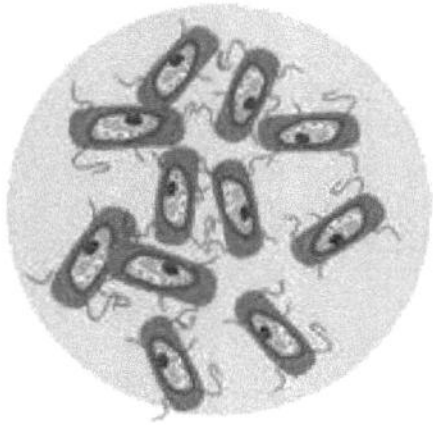

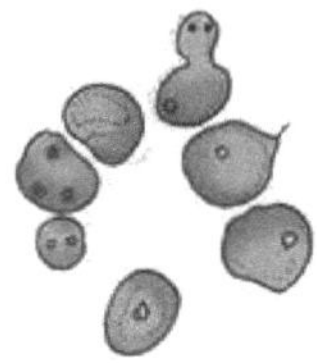

Fig. 2. 1. Bactérias Fig. 2.2. Agracus Fig.2.3. Levedura

Figura 2.células unicelulares

2. Protozoários e Helmintos

Objetivo: Estudar alguns animais seleccionados com base nas suas características externas **Princípio:** A diversidade do reino animal é enorme. Um estudo sistemático de um número tão grande de animais não teria sido possível sem uma classificação correcta. Os zoólogos identificaram um número suficientemente grande de animais, que vão desde os protozoários microscópicos até à baleia gigante. Estes animais foram classificados com base nas suas semelhanças e dessemelhanças morfológicas, bem como nas suas relações filogenéticas. No presente estudo, a ênfase foi colocada nas características morfológicas. A classificação apresentada no final indica a sua posição sistemática.

Requisitos: Animais representativos (lâminas, espécimes de museu, modelos, fotografias, gráficos), microscópio.

Procedimento

O método de observação de espécimes de diferentes taxa varia desde o exame microscópico até às características morfológicas grosseiras observadas a olho nu.

Para a identificação de alguns espécimes microscópicos, colocar a lâmina do espécime na platina de um microscópio composto. Ajustar a focagem utilizando os parafusos de ajuste do microscópio, de modo a que todo o espécime seja claramente visível na focagem. Para a identificação de animais visíveis a olho nu, utilizar espécimes conservados em formalina a 5-10%.

Desenhar esquemas etiquetados dos espécimes observados.

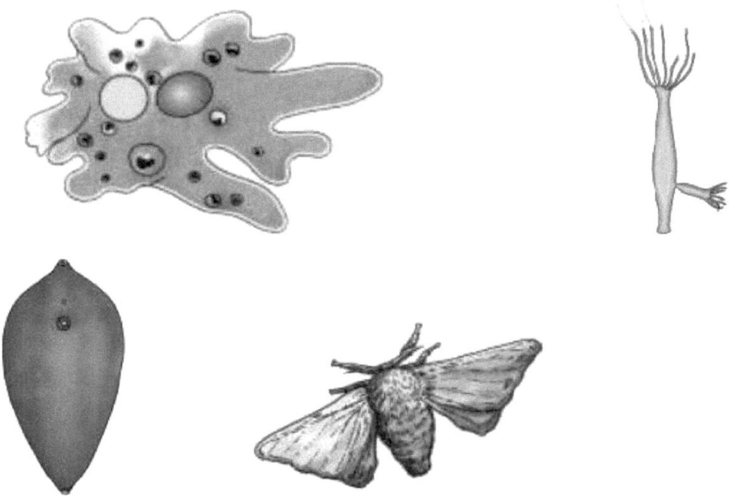

Fig. 3.1. Ameba Fig.3.2. Hidra Fig.3.3. Fígado ferido Fig.3.4. Verme da seda

Figura 3: Protozoários e helmintas

3. Célula vegetal

Objetivo: Estudo dos tecidos e da diversidade de formas e tamanhos das células vegetais.

Princípio: Um tecido é um grupo de células que desempenham uma função comum. Os tecidos podem ser simples (parênquima, colênquima e esclerênquima), ou seja, conter apenas um tipo de células, ou complexos (xilema, floema), que contêm mais de um tipo de células. Os tecidos também são classificados em tecidos meristemáticos ou permanentes. As células dos diferentes tipos de tecidos diferem na sua estrutura, forma, tamanho, função e composição da parede. No presente exercício, tentaremos compreender a estrutura das células que constituem os vários tecidos e a sua organização.

Requisitos:

A. Slides permanentes de:

B. Requisitos para a técnica de maceração:

Pequenos ramos de plantas disponíveis localmente, glicerina, safranina, algodão azul, tubos de ensaio/bequilhas (100 ml) em ebulição, vareta de vidro, lâminas, agulhas, queimador, suporte de tripé, calibre de arame, microscópio, faca de gume afiado, panos de musselina/queijo e fio. Para o fluido de maceração - Dissolver ácido nítrico a 10% com igual quantidade de ácido crómico. O ácido crómico é preparado adicionando lentamente 100 ml de H2SO4 conc. em 10 ml de água. Adicionar 50 g de dicromato de potássio (K2 Cr2 O7). Esta é a solução de reserva. Dilui-se 10 ml desta solução-mãe até 100 ml para preparar a solução de trabalho do fluido de maceração.

Procedimento

1. Recolher alguns ramos jovens, verdes e finos, de crescimento recente, de plantas lenhosas disponíveis localmente, de preferência com a espessura de um palito.
2. Cortar os ramos em pequenos pedaços de 0,5 cm de comprimento.
3. Transferir os pedaços para o copo com água e deixar ferver durante 10-15 minutos ou até que todos os pedaços da amostra assentem no fundo. Este procedimento elimina todo o ar presente no interior dos tecidos da amostra. Transferir o material para um tubo/bequer com líquido de maceração e deixar ferver durante 10-15 minutos ou até que se torne macio e polposo.
4. Atar panos de musselina à boca do copo e lavar o material com água da torneira repetidamente para remover vestígios de líquido de maceração.
5. Pegue em alguns materiais e adicione algumas gotas de safranina para corar o xilema ou azul de algodão para o floema.
6. Colocar o material corado numa lâmina de vidro com uma gota de glicerina e provocar com a ajuda de duas agulhas para separar as células com agulhas. Colocar uma lamela e observar ao microscópio. Compare a sua observação com o esquema apresentado.

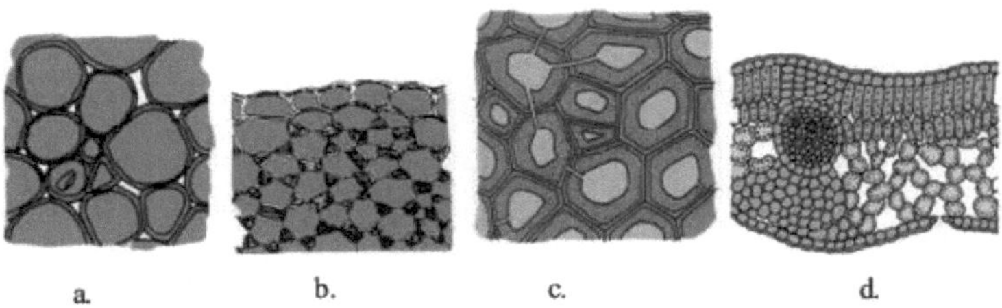

Figura 4. Diferentes células vegetais.
(a) Parênquima. b) Colênquima. c) Esclerênquima. d) Tecidos paliçádicos e esponjosos da folha

4. Transporte na célula

Osmose

Objetivo: Demonstrar a osmose através do osmómetro de batata.

Princípio: A osmose é um processo físico comum observado nas células e tecidos vivos de todos os organismos. É definido como o movimento de moléculas de solvente de uma região de maior concentração para uma região de menor concentração através de uma membrana seletivamente permeável, como a membrana plasmática.

Necessidades: Tubérculos de batata frescos de grandes dimensões, copo, solução de sacarose a 20%, água, lâmina/escalpelo de petride, agulha de pinça marcada com tinta à prova de água.

Procedimento

Cortar o tubérculo da batata em duas metades iguais com uma lâmina de barbear ou um bisturi. Retirar a pele exterior. Como a forma do tubérculo é irregular, moldar as duas metades em quadrados.

Retirar do centro do tubérculo o parênquima mole para fazer uma pequena cavidade de forma circular ou quadrada. A cavidade preparada com a colher deve ter uma espessura mínima no fundo.

Encher metade da cavidade com uma solução de açúcar a 20%. Fixar um alfinete na cavidade de modo a que a marca fique alinhada com a camada de solução de sacarose, como mostra a Fig. 15.1.

Colocar o osmómetro no copo/taça de Petri cheio de água, de modo a que 2/3 da batata mergulhada na água

Deixar a preparação não distribuída durante uma hora

Observar o nível da solução de açúcar no osmómetro no final da experiência.

Repetir a experiência utilizando a água na cavidade do tubérculo e a solução de sacarose no copo/taça.

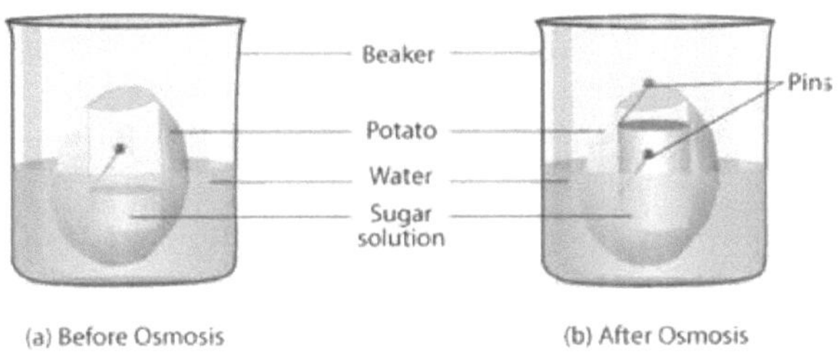

Figura 5. Osmose na batata

O volume da solução de sacarose no interior do osmómetro aumenta devido à entrada de água do copo, em resultado da endosmose. Estabelece-se um gradiente de potencial hídrico entre a solução de sacarose presente no osmómetro e a água exterior. Embora as células vivas do tubérculo da batata separem estes dois líquidos, elas permitem a entrada de água na solução de açúcar. Interprete os resultados que observou quando foi utilizada água em vez da solução de sacarose no osmómetro (tubérculo de batata).

Plasmólise

Objetivo: Estudo da plasmólise na casca epidérmica da folha.

Princípio: As células vivas são geralmente túrgidas devido à presença de água. Quando as células são imersas numa solução hipertónica, ocorre uma contração do protoplasma com uma separação visível da membrana plasmática das paredes celulares. A isto chama-se plasmólise e ocorre devido à exosmose, um fenómeno em que a água das células se desloca para o meio circundante, que é hipertónico, ou seja, mais concentrado do que a seiva celular.

Necessidades: Folhas, solução de sacarose a 20%, lâmina, lamela, agulha, placa de Petri/vidro de relógio, microscópio.

Procedimento

1. Preparar cuidadosamente cascas epidérmicas finas e transparentes a partir

da epiderme colorida, rasgando a folha ou com a ajuda de uma lâmina. Selecionar quatro cascas finas; conservá-las em água num vidro de relógio para evitar a desidratação.

2. Montar a casca "A" numa gota de água numa lâmina de vidro, colocar uma lamela e observar ao microscópio. Observar a casca após 5, 15, 20 e 30 minutos.

3. Colocar as outras cascas B, C, D e E numa solução de sacarose a 20%.

4. Observar ao microscópio as cascas B, C, D e E após 5, 15, 20 e 30 minutos, respetivamente. Observar as alterações nas células. Registar as observações

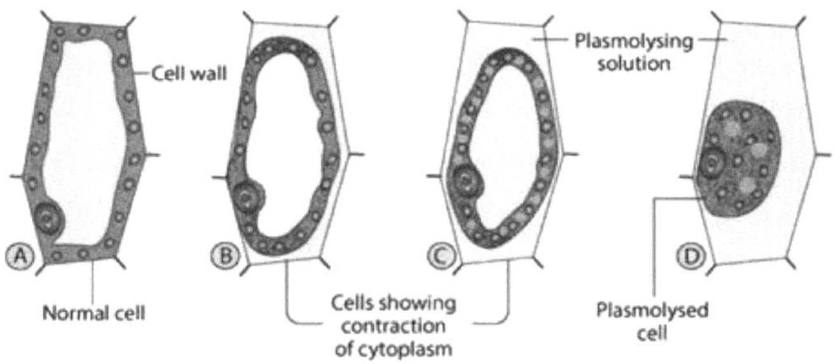

Figura 6. Diferentes fases da plasmólise

5. Imbibições

Objetivo: Estudo da imbibição em passas ou sementes.

Princípio: A primeira indicação de que uma semente vai germinar é o facto de aumentar de volume por absorção de água, através de um processo chamado **imbibição.** A imbibição é um tipo especial de difusão em que a água é absorvida pelos sólidos (colóides) fazendo-os aumentar enormemente de volume. Os tecidos das sementes contêm várias biomoléculas coloidais hidrofílicas. As moléculas de água do meio externo são atraídas por estas moléculas e entram nas sementes/passas de uva.

Necessidades: Passas de uva (uvas secas), sementes secas de grama, moong verde, 2 provetas de 100 ml de volume, água, balança e pesos.

Procedimento

1. Pegue em duas provetas graduadas de 100 ml de capacidade e marque-as com A e B.
2. Colocar 30 ml de água em cada garrafa.
3. Pesar 25 g de passas de uva e de sementes secas e colocá-las separadamente nos cilindros A e B; anotar o volume por subida do nível da água, como volume inicial (X).
4. Deixar as passas e as sementes de molho no mesmo recipiente durante 1 hora.
5. Retirar as passas e as sementes da proveta e eliminar a água com papel

absorvente.

6. Retirar a água dos cilindros e colocar novamente 30 ml de água em cada um. Colocar novamente as passas e as sementes demolhadas nas respectivas garrafas. Anotar o volume por subida do nível da água, como volume final (Y).
7. Calcular o aumento do volume das passas ou das sementes tomando a diferença de X e Y (Y-X).
8. Retirar de novo as passas e as sementes, medir o peso final e calcular o aumento de peso pela diferença entre o peso final e o peso inicial.

6. Estudo dos estomas

Objetivo: Estudar a distribuição dos estomas nas superfícies superior e inferior das folhas.

Princípio: Os estomas são pequenas estruturas microscópicas presentes nas folhas de todas as plantas com flor. O número e a distribuição de estomas por unidade de área é variável nas folhas de diferentes plantas. Um estoma típico é constituído por um par de células de guarda que encerram uma abertura no centro, denominada abertura estomática. Os estomas desempenham duas funções importantes: a transpiração e a troca de gases.

Requisitos: Amostras de folhas de quaisquer dicotiledóneas de folha larga e gramíneas), lâminas de vidro para microscópio, lamelas, água, agulha, pincel e petrídeos/óculos de observação.

Procedimento

1) Preparar cascas finas da epiderme superior e inferior de uma folha de gramínea e de duas folhas de dicotiledóneas quaisquer, rasgando a folha ou com a ajuda de uma lâmina de barbear, e guardar as cascas em vidros de relógio/petrechos separados.
2) Montar a casca epidérmica superior numa gota de água colhida numa lâmina. Cobrir cuidadosamente a casca com uma lamela de modo a evitar a formação de bolhas de ar.
3) Focar a casca no microscópio de alta potência. Observar a presença/ausência de estomas no campo do microscópio. Contar o número de estomas observados no campo do microscópio. Desenhar a figura dos estomas com pormenores.
4) Agora repita o mesmo com as cascas da epiderme inferior

Examine cuidadosamente os resultados registados para as amostras de folhas. O número de estomas é maior na epiderme inferior ou na epiderme superior? Correlacione o número de estomas com as taxas de respiração e de troca de gases.

7. Taxa de transpiração

Objetivo. Demonstrar a diferença na taxa de transpiração entre duas superfícies da folha.

Princípio: A transpiração é a perda de água sob a forma de vapor das folhas e de outras partes aéreas do caule. Cerca de 85% da transpiração ocorre através dos estomas. Alguma quantidade de água é também perdida através da transpiração cuticular. A taxa de transpiração depende de vários factores como a luz, a temperatura, o vento, a humidade e também do tamanho, tipo, número e distribuição dos estomas nas folhas. Na maioria das plantas, especialmente nas folhas dorsiventrais, o número de estomas é maior na epiderme inferior do que na epiderme superior. A transpiração pode ser facilmente demonstrada pelo teste do papel de cloreto de cobalto. O cloreto de cobalto é azul na forma anidra (seca), mas torna-se rosa quando entra em contacto com a água. Esta propriedade do cloreto de cobalto é utilizada para demonstrar que a água é perdida durante a transpiração. Podemos utilizar o tempo necessário para a mudança de cor de azul para cor-de-rosa para medir a taxa de transpiração afetada pelos vários factores externos acima mencionados.

Necessidades: Uma planta herbácea de folha larga, papel de filtro, solução de cloreto de cobalto a 5%, placa/forno quente, gaze metálica, fita adesiva, dessecador, lâminas, elásticos.

Procedimento

1. Preparar 100 ml de solução de cloreto de cobalto a 5% dissolvendo 5 g de cloreto de cobalto em 100 ml de água destilada.

2. Cortar o papel de filtro em pequenas tiras e mergulhá-las numa solução de cloreto de cobalto colocada num recipiente durante 3-5 minutos.

3. Com uma pinça, transferir as tiras embebidas para o calibre de fio e deixar escorrer o excesso de solução de CoCl2.

4. Secar as tiras de papel de filtro em placa quente/forno, tendo o cuidado de não queimar ou carbonizar o papel. As tiras de papel revestidas com cloreto de cobalto anidro serão de cor azul. Armazenar as tiras num exsicador.

5. Selecionar uma folha de uma planta em vaso que cresça à luz do sol. Se forem observadas gotículas de água, secar as folhas com um pano/folha de papel absorvente.

6. Manter uma tira seca de papel de cloreto de cobalto na superfície superior da folha e colá-la com fita adesiva. Do mesmo modo, colar outra tira de CoCl2 na superfície inferior. As tiras de CoCl2 podem ser mantidas em posição com a ajuda de duas lâminas e elásticos

7. Colocar a planta em vaso à luz do sol

Observe a cor do papel de cloreto de cobalto fixado em ambas as superfícies da folha a intervalos regulares e anote as suas observações no quadro fornecido.

Nota: Assinala com (^) a mudança de cor e com (X) se não houver mudança de cor. Observa-se que o papel de filtro colocado na superfície inferior fica cor-de-rosa muito mais rapidamente do que a tira colocada na superfície superior. Isto deve-se ao facto de o número de estomas ser geralmente maior na epiderme inferior do que na superfície superior. Consequentemente, a quantidade de vapor de água perdida por transpiração na superfície inferior é superior à da superfície superior.

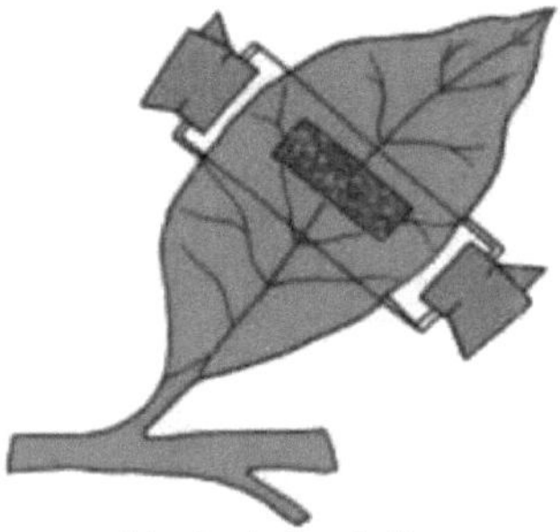

Figura 7. Folha experimental com papel de cloreto de cobalto

8. Teste alimentar

Objetivo: Detetar a presença de hidratos de carbono como a glicose, a sacarose e o amido.

Princípio: Os glúcidos com grupos aldeído ou cetona livres (ou seja, açúcares simples) reduzem o sulfato de cobre de Benedict e o reagente de Fehling a óxido cuproso, formando um precipitado de cor amarela ou vermelha acastanhada, dependendo da concentração de açúcar.

Requisitos: Vidraria - tubos de ensaio, funil, copo; Produtos químicos - solução de Benedict, soluções de Fehling A e B; HCl concentrado, solução saturada de NaOH, solução diluída de iodo; Equipamentos - banho-maria; Diversos - suporte para tubos de ensaio, suporte para tubos de ensaio, lâmpada de álcool.

Amostra para ensaio: Sumo de fruta de maçã/banana/folhas de cebola/extrato de cana-de-açúcar, leite, etc.

Preparação de reagentes

1. **Reagente de Benedict**: Misturar 173g de citrato de sódio e 100g de carbonato de sódio anidro em 600mL de água num copo e aquecer suavemente (solução A). Dissolver 17,3 g de CuSO4 hidratado em 100 ml de água destilada (solução B). Adicionar a solução B à solução A com agitação constante. Arrefecer e transferir para um balão de 1 litro e completar o volume com água.
2. **Reagente de Fehling** A: Dissolver 6,93 g de sulfato de cobre em 100 ml de água destilada.
3. Reagente de Fehling B: 20 g de KOH e 34,6 g de tartarato de sódio e potássio (sal de Rochelle) dissolvidos em 100 mL de água destilada.

A. Teste de glucose

Procedimento

Pegue em pequenos pedaços de banana, maçã e uvas. Esmague-os separadamente e coe os seus sucos. Ferva as folhas frescas do bolbo da cebola em pequenos pedaços durante 2 a 3 minutos num tubo de ensaio e filtre-o.

(a) O teste de Bento

1) Colocar 2 ml de sumo (extrato de fruta) / leite / sumo de folha de cebola num tubo de ensaio.

2) Adicionar 2 ml de reagente de Benedict e deixar ferver. O aquecimento direto do tubo de ensaio não deve ser feito. Deve ser efectuado num banho-maria no ponto de ebulição da água.

3) A cor muda de azul para verde e finalmente para laranja ou vermelho-tijolo, indicando a presença de açúcar simples (glucose).

(b) Teste de Fehling

1. Misturar volumes iguais da solução de Fehling A e B (1-2mL) num tubo de ensaio.
2. Juntar um volume igual de sumo de fruta ou de sumo de folha de cebola ou de leite e colocar em banho-maria até à ebulição da água.
3. A cor azul inicial passa de verde a amarelo e, finalmente, forma-se um precipitado vermelho-tijolo.

B. Teste para sacarose

Procedimento

Recolher o sumo da cana-de-açúcar ou cortar a beterraba sacarina em pequenos pedaços. Esmague-as e coe o seu sumo.

(a) Teste de Benedict e Fehling

1. Efetuar o teste de Benedict e Fehling com açúcar de cana ou sumo de beterraba sacarina como descrito acima.
2. A ausência de mudança de cor indica a ausência de açúcares simples (ou seja, monossacarídeos).

(b) Ensaio de hidrólise

1. Colocar 10 mL de sumo de amostra num copo, adicionar algumas gotas de HCl concentrado e ferver.
2. Após arrefecimento, adicionar 4 mL de solução saturada de NaOH ou Na2CO3 para neutralizar a solução. Dividir agora a solução em duas partes. Transferir uma parte para o tubo de ensaio "A" e a outra para o tubo de ensaio "B".
3. Efetuar o teste de Benedict com a amostra no tubo de ensaio "A". Observa alguma alteração na cor? Se houver uma alteração, isso indica a presença de açúcar simples ou monossacáridos.
4. Efetuar o teste de Fehling com a amostra no tubo de ensaio "B". Observa alguma alteração da cor? Se houver alteração, isso indica a presença de açúcar simples ou monossacáridos.

C. Pesquisa de amido (teste do iodo)

Princípio: O iodo forma especificamente um complexo de cor azul com o amido.

Procedimento

- Adicionar 1 ou 2 gotas de solução de iodo diluída a 2 a 3 ml de extrato.
- A cor azul-preta indica a presença de amido.
- A cor azul desaparece com o aquecimento e reaparece com o arrefecimento.

Discussão

A composição da substância de cor azul não está bem definida. Pode tratar-se de um complexo de adsorção de amido com iodo e não de um composto definido.

Teste de proteínas

Objetivo: Detetar a presença de proteínas.

Princípio: As proteínas respondem a algumas reacções de cor devido à presença de um ou mais radicais ou grupos da molécula complexa de proteína. Nem todas as proteínas contêm os mesmos aminoácidos e, por isso, não respondem a todas as reacções de cor. Os átomos de azoto da cadeia peptídica formam um complexo (cor violeta) com iões de cobre no teste do Biureto. (O teste xantoproteico é específico para proteínas que contêm aminoácidos aromáticos. O anel de benzeno nos aminoácidos é nitrado por aquecimento com ácido nítrico e forma nitrocompostos amarelos que se tornam cor de laranja com álcali.

Requisitos: Material de vidro: tubo de ensaio, lâmpada de álcool; Produtos químicos: Solução de NaOH a 40%, CuSO4 a 1%,
HNO3 concentrado, solução de NaOH a 20%; Diversos: suporte para tubos de ensaio, suporte para tubos de ensaio.

Procedimento

(a) Teste do biureto

1. Colocar 2 ml de solução proteica (leite, albumina de ovo ou extrato de sementes de grama) num tubo de ensaio.
2. Adicionar 1 mL de solução de NaOH a 40% e 1 ou 2 gotas de solução de CuSO4 a 1%.
3. A cor violeta indica a presença de proteínas. Deve ter-se o cuidado de não adicionar sulfato de cobre em excesso, caso contrário, a cor será azul em vez de violeta.

(b) Teste xantoproteico

1. Adicionar cuidadosamente 1mL de HNO3 concentrado a 2mL de solução proteica (albumina de ovo, leite ou extrato de sementes de grama).
2. Forma-se um precipitado branco.
3. Ferver a solução e a cor muda para amarelo.
4. Arrefecer o tubo de ensaio e adicionar 2mL de NaOH a 20% (ou solução de amoníaco) para o tornar alcalino.
5. A cor muda para laranja, indicando a presença de proteínas. É frequente observar-se uma mancha amarela na pele quando esta entra em contacto com o ácido nítrico. A razão da mancha amarela é a reação xantoproteica.

Teste lipídico

Objetivo: Detetar a presença de gorduras (lípidos) em diferentes materiais vegetais e animais. **Princípio:** Os lípidos (gorduras) são geralmente insolúveis em água, mas solúveis em solventes orgânicos. O reagente Sudan III dá uma cor vermelha específica com as gorduras.

Exigências: Material de vidro; tubos de ensaio; produtos químicos: Sudan III, álcool etílico, clorofórmio, éter, benzeno; Diversos: suporte para tubos de ensaio, suporte para tubos de ensaio, óleo/ghee/manteiga.

Procedimento

(a) Ensaio de solubilidade

1. Colocar cinco tubos de ensaio secos num suporte para tubos de ensaio.
2. Adicionar 2 mL de água, éter, clorofórmio, benzeno e álcool etílico a cada tubo de ensaio, seguido de uma gota de óleo de mostarda, ghee ou manteiga.
3. Agitar bem.
4. O óleo, o ghee ou a manteiga partem-se em pequenas gotículas na água que flutuam à superfície, o que indica que a gordura é insolúvel na água. Mas em acetona, benzeno e álcool etílico não se formam tais gotículas, uma vez que o óleo, o ghee ou a manteiga se dissolvem nestes solventes orgânicos.

(b) Teste Sudan III

1. Colocar 2 ml de óleo de mostarda num tubo de ensaio.
2. Juntar-lhe igual volume de água e agitar.
3. Adicionar uma pitada de Sudan III e agitar novamente.
4. À medida que as camadas se separam, a camada lipídica fica corada de vermelho, enquanto a camada de água permanece incolor. Isto indica a presença de lípidos.

9. Pigmento vegetal

Objetivo: Separação de pigmentos vegetais (pigmentos de cloroplasto) por cromatografia em papel.

Princípio: Os cloroplastos contêm pigmentos fotossintéticos - Clorofila a, Clorofila b, Carotenos e Xantofilas. Os pigmentos absorvem a radiação solar em diferentes comprimentos de onda do espetro visível para a fotossíntese. Estes pigmentos diferem na sua química e, consequentemente, nas suas propriedades físico-químicas, como o peso molecular, a solubilidade no solvente, etc. A cromatografia em papel é uma técnica popular amplamente utilizada para separar vários pigmentos de clorofila de uma mistura. Na cromatografia, os pigmentos deslocam-se a diferentes distâncias, dependendo da sua solubilidade no sistema solvente, num papel de celulose de qualidade fina (papel de cromatografia Whatmann n.º 1). O movimento dos pigmentos no papel de cromatografia é regido pelo princípio da adsorção e da ação capilar. Os componentes do sistema de solventes variam em densidade e, por conseguinte, movem-se a ritmos diferentes através do papel de cromatografia, devido à ação capilar. Os componentes mais leves deslocam-se mais rapidamente do que os componentes mais pesados. A solubilidade diferencial dos pigmentos no sistema solvente e as taxas diferenciais de mobilidade dos componentes do sistema solvente são utilizadas para a separação dos pigmentos.

Necessidades: Folhas sem mucilagem de plantas herbáceas disponíveis localmente, tubos de ensaio (6 "x1"), tubo de ebulição com rolha de borracha fendida, câmara de cromatografia ou tubo de ensaio de boca larga, provetas de 100 ml e 10 ml, copo de 50 ml, tubo capilar, almofariz e pilão, acetona, éter de petróleo, pano de musselina, areia, tesoura, alfinetes, papel de filtro Whatmann n.º 1, folha de mata-borrão normal.

Procedimento

Preparação do extrato de pigmento

J Selecionar para a experiência folhas tenras, herbáceas e sem mucilagem. Retirar o pecíolo e a nervura central de 20-30 folhas maduras.

J Cortar as folhas em pedaços mais pequenos e transferi-los para um almofariz. Juntar uma pitada de areia, alguns ml de acetona e triturar bem até que o extrato de folhas adquira uma cor verde escura.

J Filtrar o extrato através de um pano de musselina e recolher o filtrado num copo de 50 ml.

J Preparar uma solução 9:1 de éter de petróleo e acetona. Transferir 3-5 ml desta mistura para a câmara de cromatografia ou para o tubo de ensaio de boca larga. Fechar bem a câmara ou o tubo de ensaio com a rolha de cortiça, uma vez que os solventes são voláteis, e mantê-lo na posição de pé.

J Cortar uma tira de papel Whatmann n.º 1 para cromatografia (6" X 1/2"), que possa caber facilmente na câmara ou no tubo de ensaio.

J Com uma tesoura, fazer numa das extremidades do papel de cromatografia uma forma triangular com uma ponta pontiaguda.

J Utilizando o tubo capilar, carregar o extrato de pigmento na parte inferior do papel de cromatografia até que a mancha adquira uma cor verde escura. Certificar-se de que o diâmetro da mancha carregada não excede 3-5 mm. Secar a mancha soprando ar quente sobre ela. Nunca utilizar tinta ou esferográfica para marcar no papel de cromatografia.

J Suspender o papel de cromatografia carregado no tubo de ebulição com a ajuda de uma rolha de borracha fendida ou numa câmara de cromatografia ou num tubo de ensaio de boca larga.

J Certificar-se de que o ponto carregado está claramente acima do solvente.

J Manter o aparelho direito e deixar o conjunto num suporte de tubos de ensaio sem perturbações durante 40 minutos. Observar a subida do solvente e dos pigmentos.

J Retirar o papel de cromatografia depois de aparecerem os quatro pigmentos de cores diferentes.

J Cobrir o cromatograma com papel preto para evitar a foto-oxidação.

Identifica os pigmentos com base nas cores. Sequencialmente a partir de baixo, as quatro cores visíveis são: amarelo esverdeado (clorofila b), verde azulado (clorofila a), amarelo (caroteno) e laranja (xantofila).

Os quatro principais pigmentos fotossintéticos foram separados por cromatografia e identificados. Este processo de separação é designado por cromatografia ascendente monodimensional, uma vez que a solução e os pigmentos se movem para cima numa única direção.

A. B. C.

Figura 8. Diferentes materiais de pigmentos

A. Carregamento do extrato de pigmento B. Configuração experimental da cromatografiaC . Um cromatograma de clorofila

10. respiração em botões de flores

Objetivo: Estudar a taxa de respiração em botões de flores/sementes em germinação.

Princípio: A respiração é um processo vital nos organismos vivos e gera energia através da decomposição de materiais alimentares na presença/ausência de O_2. A energia libertada é utilizada para todos os processos vitais. A taxa de respiração depende de factores internos e externos (idade, estado fisiológico e tipo de célula, temperatura e disponibilidade de oxigénio).

Requisitos: Botões de flores/sementes em germinação, tubo de ebulição, rolha de borracha de furo único equipada com uma pipeta, algodão, suporte com pinça de bureta, solução de KOH, papel preto e papel de filtro.

Procedimento

1. Colocar cerca de 10 a 15 botões ou 10 a 15 g de sementes em germinação num tubo de ebulição ou num tubo de ensaio de boca larga. Introduzir um chumaço de algodão. Mergulhar uma tira de papel de filtro de 2 x 1 cm na solução de KOH e colocá-la no tubo de ensaio, tendo o cuidado de não tocar no algodão ou nas sementes.
2. Mergulhar a ponta da pipeta em água e aspirar lentamente a água, de modo a que fique retida uma pequena bolha de ar. Introduzir agora a rolha de borracha (juntamente com a pipeta) no tubo. O tubo de ensaio deve ser fixado na posição horizontal com uma pinça de bureta.
3. Observar a posição da bolha de ar na pipeta.
4. Registar a distância percorrida pela bolha em intervalos de 2 minutos durante um período de tempo.

5. Agora, coloque a instalação sob luz solar intensa (no exterior do laboratório). Após alguns minutos, registe a distância percorrida pela bolha em intervalos de 2 minutos durante o mesmo período de tempo.

Compare os dois conjuntos de valores obtidos nas experiências. É provável que na experiência realizada sob luz solar intensa a bolha se mova muito mais depressa, indicando uma taxa de respiração mais elevada. Um dos factores responsáveis pelo aumento da taxa de respiração é a temperatura. Consegues pensar numa razão?

Repara que as taxas de respiração não são iguais em diferentes materiais e sob diferentes condições. A respiração é um processo enzimático em que os alimentos são decompostos para libertar energia. A luz e a temperatura afectam este processo. As células meristemáticas jovens apresentam uma elevada taxa de respiração.

11. Respiração

Objetivo: Observar e comentar a montagem.

A. Respiração anaeróbica

Princípio: A decomposição de substâncias alimentares para produzir energia na ausência de oxigénio é chamada respiração anaeróbica. É observada em vários microrganismos anaeróbios do solo, em leveduras e em certos tipos de tecidos do corpo humano. A respiração anaeróbia produz muito menos energia por mole de glucose do que a respiração aeróbia. Nas sementes em germinação/gomos de flores, a equação da respiração anaeróbia é C6H12O6 CO2+C2H5OH.

Necessidades: Sementes para germinação (grama/urad/moong), botões de flores, um pequeno tubo de ensaio/frasco de vidro, petridish, um tabuleiro de plástico ligeiramente maior do que o tamanho do petridish, mercúrio, pinças, pastilhas de KOH, suporte de burrette com pinça. **Procedimento da** álcool desidrogenase

1) Pegue num tubo de ensaio e encha-o completamente com mercúrio. Inverter o tubo de ensaio sobre um petrídeo também cheio de mercúrio. Deve haver uma coluna contínua de mercúrio no tubo de ensaio.

2) Inclinar ligeiramente o tubo de ensaio e, com a ajuda de uma pinça, introduzir 3 - 4 sementes de grama saudáveis em germinação.

3) Bater suavemente no tubo de ensaio com a unha/força para que as sementes se desloquem para cima na coluna de mercúrio.

4) Com uma pinça, fixar o tubo de ensaio a um suporte e manter a configuração sem perturbações durante duas horas.

5) Observar a montagem. Introduzir 3-4 pastilhas de KOH da mesma forma que as sementes foram introduzidas. Observar as alterações.

Forma-se um espaço no topo do tubo de ensaio devido à deslocação do mercúrio para baixo. Quando são introduzidas pastilhas de KOH, o espaço desaparece lentamente e o mercúrio volta a encher todo o tubo. As sementes em germinação respiram numa situação em que estão completamente isoladas do ar na presença de uma coluna contínua de mercúrio. O gás de dióxido de carbono libertado é recolhido no topo do tubo e desloca o mercúrio. O CO2 libertado dissolve-se em KOH e o nível de mercúrio volta a subir. Isto estabelece o facto de que as sementes/os botões fizeram uma respiração anaeróbia.

Figura 9. Uma planta em vaso com fototropismo

B. Fototropismo

Princípio: A luz é responsável por induzir muitas respostas e processos fisiológicos nas plantas. A resposta de crescimento induzida pela luz nas plantas é chamada fototropismo. O rebento é positivamente fototrópico. A luz controla a distribuição de auxinas na ponta do rebento e uma maior quantidade de acumulação de auxinas ocorre na parte sombreada, levando a uma rápida divisão celular, resultando num crescimento mais rápido e na flexão ou curvatura do caule em direção à luz.

Necessidade: Dois vasos de plantas herbáceas da mesma espécie, ou sementes de mostarda, um vaso de barro cheio de terra arenosa, água.

Procedimento

1) Mantenha uma planta herbácea em vaso numa mesa perto de uma janela durante uma semana e a outra no espaço aberto. Regue a planta regularmente e observe. OU

2) Germinar cerca de 20-30 sementes de mostarda cada uma em dois vasos. Manter um vaso numa mesa perto de uma janela e o outro num espaço aberto exposto. Regue-as diariamente. Observe a curvatura das plântulas após uma semana em ambas as configurações.

Observar-se-á que os vasos com plantas/sementes mantidos perto da janela exibem uma curvatura distinta em direção à luz. A curvatura ou inclinação do rebento em direção à fonte de luz deve-se à redistribuição de auxinas no meristema apical das plantas mantidas perto da janela. Os rebentos/plântulas mantidos em espaço aberto não apresentam qualquer curvatura. Os rebentos apresentam sempre fototropismo positivo

C. Remoção do botão apical (dominância apical)

Princípio: O caule cresce devido a divisões das células meristemáticas apicais situadas na ponta do caule. As plantas possuem gemas axilares (laterais) na axila das folhas. As gemas axilares estão geralmente dormentes e não se exprimem porque a gema apical impõe uma inibição natural sobre o crescimento das gemas laterais. Esta influência exercida pela gema apical sobre as gemas axilares é chamada de dominância apical.

Requisitos: Dois vasos de plantas da mesma espécie com ramificação esparsa, faca/bisturi/lâmina.

Procedimento

1) Com uma lâmina, cortar a ponta do caule da planta experimental (planta A). Mantenha uma outra planta da mesma espécie sem cortar a sua ponta como controlo (planta B).

2) Regar regularmente as duas plantas e observar. Após cerca de 7-10 dias, observam-se vários ramos laterais (axilares) na planta A em comparação com a planta B. Quando o botão apical é removido na planta A, a dominância apical já não existe; como resultado, os botões laterais são activados e dão origem a ramos laterais.

D. Sucção devida à transpiração (Transpiration pull)

Princípio: A transpiração refere-se à perda de água sob a forma de vapor a partir das partes aéreas das plantas. A transpiração desenvolve uma força de tração/sucção ascendente devido à presença de uma coluna de água contínua (formada devido a propriedades coesivas e adesivas) que começa nas células do mesófilo das folhas (de onde a água é perdida) até aos pêlos da raiz (de onde a água entra nas plantas). A isto chama-se força de transpiração. Esta força é responsável pela absorção e condução ascendente de água e minerais no caule.

Requisitos: Um ramo saudável de um arbusto ou de uma árvore (20-25 cm de comprimento), um copo (100 ml) ou um tubo de vidro (15 cm de comprimento e 0,5 cm de diâmetro), um tubo de borracha (8-10 cm de comprimento e 0,5 cm de diâmetro), um copo de 50 ml, mercúrio, bisturi/faca, massa lubrificante ou vaselina, tabuleiro, suporte com pinça.

Procedimento

- Inserir uma pipeta graduada de 1 mL numa extremidade de um tubo de borracha, de modo a que fique bem apertada.
- Selecionar um ramo de diâmetro e tamanho adequados e fazer um corte oblíquo com uma faca, tendo o cuidado de não arrancar a casca. Humedecer o bordo do corte com água.
- Encher o tubo de borracha e a pipeta com água por sucção.
- Introduzir o ramo na outra extremidade do tubo de borracha e atar um fio para o tornar hermético
- Fixar o conjunto com a ajuda do suporte da bureta e da pinça
- Pegar num tubo de vidro/béquer e enchê-lo com água colorida (utilizando eosina/azul de metileno/tinta azul) e manter o bocal da pipeta no tubo.
- Anotar o nível de água colorida na pipeta. Manter a preparação à luz do sol/sob uma ventoinha durante uma hora e anotar o nível final de água colorida

na pipeta.

Inicialmente, quando a experiência é montada, observa-se uma coluna contínua de água na pipeta. Após cerca de uma hora, a água colorida sobe na pipeta. Foi desenvolvida uma forte força de sucção na coluna de água devido à transpiração das folhas. Primeiro foi criado um gradiente de potencial hídrico entre os estomas e o mesófilo esponjoso. Como resultado da transpiração através dos estomas, a água do mesofilo deslocou-se para os estomas. Um gradiente de potencial hídrico semelhante foi criado sequencialmente a partir das células do mesofilo - nervuras da folha - xilema da nervura central da folha - xilema do pecíolo - xilema do caule - coluna de água na experiência. A intensa pressão de sucção gerada sugou a água contra a gravidade. Na natureza, esta força de sucção é transmitida ao xilema da raiz e aos pêlos radiculares, o que permite às plantas absorverem água do solo.

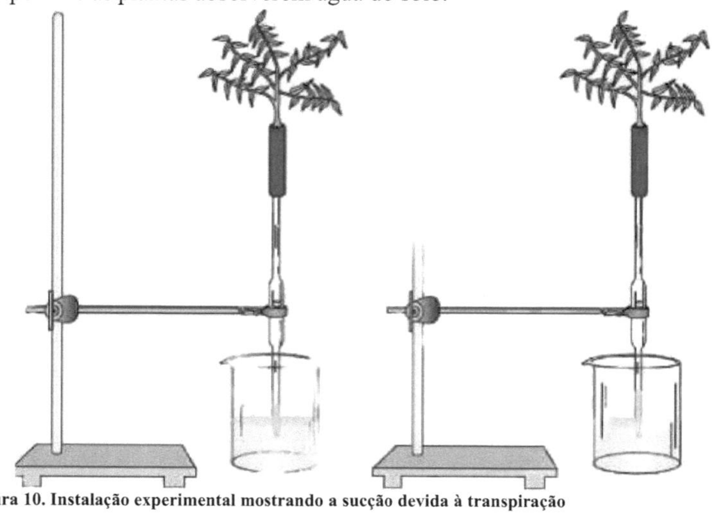

Figura 10. Instalação experimental mostrando a sucção devida à transpiração

12. efeito das enzimas

Objetivo: Estudar a ação enzimática da amilase salivar sobre o amido.

Princípio: Uma enzima é um catalisador biológico. A enzima amilase salivar ou ptialina presente na saliva inicia a decomposição do amido, que é hidrolisado em maltose dissacárida, isomaltose e polímeros de glucose de cadeia curta chamados - dextrinas. A atividade enzimática da amilase salivar pode ser testada através da deteção da presença ou ausência de amido.

Requisitos: Artigos de vidro: Tubos de ensaio, blocos de cavidades, béqueres, conta-gotas e funil; Produtos químicos:

NaCl, Na HPO_{24} , KH_2 PO_4 , cristais de iodo, iodeto de potássio; Equipamentos: termómetro de banho-maria ou de incubadora; Diversos - algodão, borracha, água destilada, suporte para tubos de ensaio, suporte para tubos de ensaio.

Preparação de reagentes

(i) Solução de amido a 1%: Adicionar 1 g de amido solúvel a 10 ml de água destilada e misturar. Ferver 90 ml de água destilada e adicionar 10 ml da solução de amido já preparada, agitando. Deixar a solução durante a noite e filtrar para obter uma solução de amido a 1%.

(ii) Solução de NaCl a 1%: Dissolver 1 g de NaCl em 100 mL de água destilada.

(iii) Solução de iodo (Lugol): Dissolver 1 g de cristais de iodo e 2 g de iodeto de potássio em 100 ml de água destilada.

(iv) Preparação da solução tampão a pH 6,8: A solução tampão pode ser preparada dissolvendo uma pastilha tampão de pH 6,8 ou 7 em 100 ml de água destilada ou preparando uma solução M/15 Na HPO_{24} (9,67g Na HPO_{24} em 1000 ml de água destilada) e uma solução M/15 KH2PO4 (9,06g de KH2PO4 dissolvidos em 1000 ml de água destilada). Misturar volumes iguais de acordo com as necessidades para obter uma solução-tampão.

Procedimento

1) Pegar num algodão embebido em água destilada. Retirar o excesso de água pressionando e, em seguida, espalhar o algodão humedecido sobre a boca de um funil, de forma a funcionar como um filtro. Depois de limpar a boca, mastigar um pedaço de borracha/algodão e deitar a saliva no funil. A saliva filtrada através do algodão húmido será recolhida no tubo de ensaio. Evitar utilizar papel de filtro para filtrar a saliva. Para obter uma solução de saliva, juntar 1 ml de saliva a 19 ml de água destilada.

2) Colocar dois conjuntos de tubos de ensaio (8-10 tubos de ensaio em cada conjunto) em dois suportes de tubos de ensaio separados, cada um contendo 1 ml de solução de iodo para atuar como tubos indicadores. Marque-os com 1, 2, 3 em ambos os suportes de tubos de ensaio.

3) Ligar o banho-maria elétrico ou o forno. Regular a temperatura para 370C. Manter a temperatura uniforme (370C) da água no banho-maria ou da água num copo dentro da incubadora durante toda a experiência.

4) Num tubo de ensaio, colocar 10 ml de solução de amido, 2 ml de solução de NaCl a 1% e 2 ml de solução tampão. Misture bem e transfira metade da solução para outro tubo de ensaio. Marque um tubo de ensaio como tubo experimental e o outro como tubo de controlo.

5) Transferir agora os tubos de ensaio experimentais e de controlo para o banho-maria ou mantê-los no copo com água dentro da incubadora durante cerca de 10 minutos, para que a temperatura das soluções atinja 370C.

6) Adicionar 1 ml de solução de saliva ao tubo experimental e 1 ml de água destilada ao tubo de controlo. Manter ambos os tubos em banho-maria/incubadora durante toda a experiência.

7) Com a ajuda de um conta-gotas, retirar uma gota de cada um dos tubos experimentais e dos tubos de controlo e deitá-la em dois tubos indicadores

separados (marcados com 1) contendo iodo (de duas séries de tubos indicadores, uma para os experimentais e outra para os de controlo).
Registar o tempo de mistura como leitura de zero minutos e observar a mudança de cor do iodo em ambos os tubos.

8) Passados dois minutos, transferir novamente uma gota de cada um dos tubos experimentais e de controlo para os tubos indicadores (marcados com 2) e observar a cor do iodo. Repetir a operação de dois em dois minutos até que a cor da solução de iodo não se altere mais (ponto acromático). Durante toda a experiência, adicionar sempre a mesma quantidade de solução aos tubos com iodo.

9) Comparar a série de tubos experimentais com os tubos de iodo de controlo.

13 Efeito da temperatura

Objetivo: Estudar o efeito da temperatura na atividade da amilase salivar.

Princípio: A maior parte das enzimas são de natureza proteica. Numa gama limitada de temperaturas, a taxa de reacções catalisadas por enzimas aumenta com o aumento da temperatura. A velocidade de muitas reacções biológicas duplica aproximadamente com um aumento de 100C na temperatura e diminui para metade se a temperatura for reduzida em 100C. Existe uma temperatura óptima à qual a reação é mais rápida. Acima e abaixo desta temperatura, a velocidade da reação diminui drasticamente.

Requisitos: Utensílios de vidro: tubos de ensaio, bloco de cavidades, béqueres, conta-gotas, funil, suporte para tubos de ensaio, suporte para tubos de ensaio; Produtos químicos: NaCl, Na_2 HPO4, KH_2 PO4, cristais de iodo, iodeto de potássio, reagentes preparados como na experiência 26; Equipamentos: banho-maria ou incubadora, termómetros; Diversos - algodão, borracha, água destilada.

Procedimento

1) Num copo, colocar 15 mL de solução de amido, 3 mL de solução de NaCl a 1% e 3 mL de solução tampão. Misture tudo muito bem. Divida a solução em três tubos de ensaio e marque-os como A, B e C. Os três tubos de ensaio são tubos experimentais.

2) Transferir agora o tubo experimental A para um copo com gelo e um termómetro para registar a temperatura. A temperatura deste copo deve ser mantida a 50C. Transferir o segundo tubo experimental B para um banho de água regulado a 370C e o terceiro tubo experimental (C) para o copo mantido a 700C.

3) Sem os retirar, adicionar aos três tubos experimentais (A, B e C) 1 ml de solução de saliva.

4) Retirar uma gota de cada um dos tubos experimentais com a ajuda de um conta-gotas e adicioná-la aos tubos indicadores correspondentes que contêm solução de iodo. Registar este tempo como leitura de zero minutos.

5) Repetir a operação de 2 em 2 minutos e observar a mudança de cor da

solução de iodo. Continuar até que a cor do iodo não se altere.

6) Para digerir completamente 5 mL de solução de amido a 1%, 1 mL de enzima diluída demora minutos a 5^0 C, minutos a 37^0 C e minutos a 70^0 C.

14 .pH

Objetivo: Estudar o efeito do pH na ação da amilase salivar.

Princípio: A atividade óptima para a maioria das enzimas é geralmente observada entre pH 5,0 e 9,0. No entanto, algumas enzimas, por exemplo, a pepsina, são activas a valores de pH muito fora deste intervalo. Acima e abaixo deste intervalo, a velocidade de reação diminui à medida que as enzimas se desnaturam.

Requisitos: Utensílios de vidro: tubos de ensaio, béqueres, conta-gotas, funil; Produtos químicos: NaCl, Na HPO_{24} , KH_2 PO_4 , cristais de iodo, iodeto de potássio, soluções tampão de pH 4 e 9, Equipamentos: banho-maria ou estufa, termómetro; Diversos: algodão, borracha, água destilada.

Preparação de reagentes

- As soluções-tampão de pH 4 e 9 podem ser preparadas dissolvendo as pastilhas-tampão numa quantidade adequada de água destilada, conforme indicado no papel

Procedimento

Os primeiros quatro passos iniciais são os mesmos da Experiência 26 anterior.

1) Preparar três conjuntos de tubos de ensaio indicadores (8 a 10 em cada conjunto) em três suportes de tubos de ensaio separados. Rotular os suportes de tubos de ensaio como A (para pH 6,8), B (para pH 4) e C (para pH 9). Colocar 0,5 ml de solução de iodo em cada tubo de ensaio.

2) Num tubo de ensaio, tomar 5 ml de solução de amido a 1%, 1 ml de solução de NaCl a 1% e 1 ml de solução tampão de pH 6,8, marcá-lo como tubo de controlo ou A. Num segundo tubo de ensaio, tomar 5 ml de solução de amido a 1%, 1 ml de solução de NaCl a 1% e 1 ml de solução tampão de pH 4, marcá-lo como tubo experimental "B". Num terceiro tubo de ensaio, colocar 5 ml de solução de amido a 1%. 1 ml de solução de iodo a 1% e 1 ml de solução tampão de pH 9. Marque-o como tubo experimental "C".

3) Transferir 1 ml de saliva diluída para cada tubo de ensaio e misturar bem os dois. Colocar os três tubos de ensaio num banho de água a 37^0 C.

4) Retirar uma gota de cada um dos tubos experimentais com a ajuda de um conta-gotas e adicionar aos tubos indicadores correspondentes que contêm solução de iodo. Registar este tempo como leitura de zero minutos.

5) De 2 em 2 minutos, repetir os passos anteriores e observar a mudança de cor da solução de iodo. Continuar até que a cor do iodo não se altere. Calcular o tempo necessário para atingir o ponto acromático nos tubos A, B e C. Verificar se em algum dos três tubos o ponto acromático não foi observado

15 Deteção de ureia

Objetivo: Detetar a presença de ureia numa determinada amostra de urina.

Princípio: A ureia é excretada principalmente na urina através dos rins. O azoto dos aminoácidos é eliminado sob a forma de ureia. Normalmente, uma pessoa adulta saudável excreta cerca de 15 g de azoto por dia; 95% deste azoto é excretado sob a forma de ureia urinária. Os grupos amino dos aminoácidos são, por fim, eliminados sob a forma de amoníaco (NH3). Este NH3 é altamente tóxico e acaba por ser convertido em ureia. Normalmente, a urina é ácida. Se a urina for mantida exposta à atmosfera, divide-se e o amoníaco é libertado, pelo que a urina armazenada se torna alcalina. A um pH e temperatura óptimos, a enzima urease decompõe a ureia em amoníaco e dióxido de carbono, que formam carbonato de amónio (uma substância alcalina). Isto transforma a solução ligeiramente ácida numa solução alcalina. Quando o vermelho de fenol é utilizado como indicador nesta mistura reacional, a cor da solução muda de amarelo para rosa.

Necessidades: Vidraria: tubos de ensaio, Produtos químicos: solução de Na2CO3 a 2%, ácido acético a 2%, hipobromito de sódio, hidróxido de sódio, ácido acético a 1%, pastilha de urease, vermelho de fenol, solução de NaOH diluída, solução de CuSO4 a 1% Equipamentos: suporte para tubos de ensaio, suporte para tubos de ensaio, lâmpada de álcool.

Procedimento

(a) Teste da urease

1) Colocar 2 mL de urina num tubo de ensaio e 2 mL de água no outro.
2) Adicionar uma gota de indicador vermelho de fenol a cada tubo.
3) Adicionar a solução de Na2CO3 a 2%, gota a gota, até que a cor rosa se desenvolva em ambos os tubos de ensaio (apenas alcalina).
4) Adicionar agora ácido acético a 2% a cada tubo de ensaio, gota a gota, até que a cor rosa desapareça (apenas ácido).
5) Adicionar uma pitada de pó de soja (contém a enzima urease) ou uma pitada de pó de enzima urease a cada tubo de ensaio e rodar os tubos entre as palmas das mãos ou aquecer ambos os tubos a cerca de 60oC. Deve evitar-se o sobreaquecimento para evitar a desnaturação da enzima.
6) A cor rosa aparece no tubo que contém a urina mas não no outro tubo que contém água. A enzima urease que actua sobre a ureia liberta amoníaco, como se mostra na reação seguinte: Este teste é um teste específico para a ureia porque a enzima urease mostra a sua especificidade para o substrato ureia. Para a atividade da enzima urease, devem ser mantidos o pH (apenas ácido) e a temperatura (60^0 C) óptimos. A ureia é formada no fígado a partir do amoníaco e do dióxido de carbono. O amoníaco é o produto da desaminação dos aminoácidos. Por conseguinte, a excreção de ureia na urina depende da quantidade de proteínas ingeridas.

Nota: Em vez de pó de soja ou enzima urease, também pode ser utilizado como fonte de urease.

(b) Teste do biureto

1) Colocar uma pequena quantidade de ureia num tubo de ensaio seco e aquecê-lo em lume brando. A ureia funde-se com a libertação de amoníaco.

2) Se continuar a ser aquecida, solidifica (no caso da urina, a urina é aquecida até se evaporar completamente).

3) Arrefecer o tubo. Adicionar 3 ml de água e agitar.

4) Adicionar 1mL de NaOH diluído e 1 ou 2 gotas de solução de CuSO4 a 1%. A cor rosa desenvolve-se, indicando a presença de ureia. Não devem ser adicionadas gotas de CuSO4 em excesso, caso contrário o CuSO4 formará $Cu(OH)_2$ com NaOH, formando uma cor azul. Este resultado é por vezes confundido com um teste de Biureto positivo.

A ureia, quando aquecida, decompõe-se com a libertação de amoníaco e a formação de biureto. O biureto é dissolvido em água e desenvolve uma cor rosa/violeta, formando um complexo com a solução alcalina de sulfato de cobre.

(c) Ensaio com hipobromito de sódio

1) Aos 2 mL da amostra de urina num tubo de ensaio, adicionar 2 gotas de solução alcalina de hipobromito de sódio.

2) A efervescência rápida do azoto aparece no tubo de ensaio, o que indica a presença de ureia na amostra. Quando a urina é tratada com uma solução de hipobromito de sódio contendo um excesso de hidróxido de sódio, o dióxido de carbono e o azoto gasoso evoluem. O CO_2 depois de reagir com NaOH dá Na HCO3.

16 . Teste de açúcar na ureia

Objetivo: Testar a presença de açúcar numa determinada amostra de urina.

Princípio: Na urina normal, praticamente não existe glucose. A presença de glucose na urina é designada por glicosúria. Para detetar açúcares redutores, como a glucose, a frutose, etc., na urina, efectuam-se os testes de Benedict ou de Fehling. O $CuSO_4$ presente na solução de Benedict ou na solução de Fehling é reduzido, após ebulição, pelas substâncias redutoras (glucose, frutose, etc.) para formar o precipitado colorido de óxido cuproso. Os precipitados verde-claro, verde, amarelo e vermelho-tijolo dos óxidos cuprosos dependem da concentração de substâncias redutoras presentes na urina. A glucose reduz o sulfato cúprico azul do reagente de Benedict ou do reagente de Fehling a um precipitado colorido insolúvel.

Requisitos: Vidraria: Tubos de ensaio, béqueres, lâmpada de álcool, pipeta; Produtos químicos: Solução de Benedict, solução de Fehling A e B, reagente de Seliwanoff, Diversos: Suporte para tubos de ensaio, suporte para tubos de ensaio, amostra de urina.

Preparação de reagentes

(i) Reagente de Benedict Misturar: 173 g de citrato de sódio e 100 g de carbonato de sódio anidro em 600 mL de água num copo e aquecer suavemente (solução A). Dissolver 17,3 g de CuSO4 hidratado em 100 mL de água destilada (solução B). Adicionar a solução B à solução A com agitação constante. Arrefecer e transferir para um balão de um litro e completar o volume com água até ao traço.

(ii) Reagente de Fehling A: Dissolver 6,93 g de sulfato de cobre em 100 mL de água destilada.

(iii) Reagente de Fehling B: 20 g de KOH e 34,6 g de tartarato de sódio e potássio (sal de Rochelle) dissolvidos em 100 mL de água destilada.

(iv) Reagente de Seliwanoff: Dissolver 50 mg de resorcinol em 33 mL de ácido clorídrico concentrado e diluir a 100 mL com água destilada.

(v) Na ausência de amostras adequadas que contenham componentes anormais da urina, estes componentes (glucose, albumina) podem ser adicionados à amostra de urina normal.

Procedimento

(a) O teste de Bento

1) Colocar 5 mL de reagente de Benedict num tubo de ensaio. Adicionar 0,5 ml (8 gotas) de urina recém-passada.

2) Ferver durante 2 minutos, segurando firmemente o tubo de ensaio com um suporte para tubos de ensaio (durante a ebulição, o conteúdo do tubo de ensaio tem tendência a jorrar. Por isso, é aconselhável continuar a agitar o tubo de ensaio depois de o manter na posição inclinada perto da chama para evitar a ebulição excessiva).

3) Um precipitado verde-claro, verde, amarelo e vermelho-tijolo indica a presença de substâncias redutoras na urina.

4) Os vários precipitados coloridos dependem da concentração de açúcares redutores na urina, o que dá uma estimativa aproximada da concentração abaixo indicada:

(b) Teste de Fehling

1) Colocar volumes iguais (2 mL) da solução de Fehling A e B num tubo de ensaio. Misturar bem.

2) Adicionar a solução acima, gota a gota, a 1 ml de amostra de urina colhida num tubo de ensaio. Aquecer o tubo de ensaio após a adição de cada gota.

3) Forma-se um precipitado amarelo ou laranja ou vermelho-tijolo que indica a presença de açúcar redutor na urina.

Nota: Os testes de Benedict e de Fehling não indicam necessariamente apenas a presença de glucose na urina, podendo também indicar a presença de outros açúcares redutores, como a lactose (no caso de grávidas e mães lactantes), a frutose (na fructosúria), a galactose (na galactosúria), o ácido homogentísico (na alcaptonúria), os glucuronatos e a mucina.

(c) Teste de Seliwanoff

O teste qualitativo de Benedict não é muito específico para a glucose, uma vez que outros açúcares redutores também dão resultados positivos, como a frutose, a galactose, a lactose, a maltose e a pentose. Outros constituintes urinários, fármacos e contaminantes da urina podem dar resultados falsos positivos. Para detetar a presença de glicose ou frutose na urina, deve ser efectuado o teste de Seliwanoff. Este teste deve ser efectuado quando a amostra de urina dá um teste positivo para

Teste de Benedict ou de Fehling.

- Tomar 3 ml do reagente de Seliwanoff e adicionar 1 ml de amostra de urina.
- Ferver durante dois minutos. O aparecimento de uma cor vermelha a laranja indica a presença de frutose.
- Se não aparecer nenhuma cor em 2 minutos, continuar a ferver durante 5 minutos.
- Se aparecer uma cor laranja ténue ou nenhuma cor, isso indica a presença de glucose.

O teste é sensível entre 50-80 mg de glucose/100 mL de urina. Menos do que esta quantidade na urina não será detectada por este teste.

17. albumina na urina

Objetivo: Detetar a presença de albumina numa determinada amostra de urina.

Princípio: O ácido nítrico provoca a precipitação da albumina. Quando aquecida ou tratada com ácido sulfossalicílico, a albumina sofre coagulação.

Requisitos: Vidraria: Tubos de ensaio, pipeta graduada (capacidade de 5 mL), lâmpada de álcool; Produtos químicos: Ácido nítrico concentrado, ácido acético, solução de Robert, ácido sulfossalicílico ou uma solução contendo 13% de ácido salicílico e 20% de ácido sulfúrico; Diversos: suporte para tubos de ensaio, suporte para tubos de ensaio.

Procedimento

(a) Ensaio do anel de ácido nítrico

1. Colocar 5 ml de ácido nítrico concentrado num tubo de ensaio.
2. Inclinar o tubo e adicionar a amostra de urina com um conta-gotas, de modo a que esta escorra lentamente ao longo do lado do tubo de ensaio, formando uma camada separada.
3. Na junção dos dois líquidos desenvolve-se um anel branco que indica a presença de albumina na amostra de urina
4. Colocar cerca de 5 ml da solução de Robert num tubo de ensaio.
5. Inclinar agora o tubo de ensaio e adicionar 2 a 3 ml da amostra de urina dada, com um conta-gotas, ao longo do interior do tubo de ensaio, de modo a formar uma camada sobre a solução de Robert.
6. A presença de um anel branco na junção das duas camadas indica a presença de albumina na amostra.

(b) Ensaio de coagulação térmica

1. Colher cerca de 6 a 8 ml de urina num tubo de ensaio.
2. Inclinar o tubo de ensaio num ângulo e aquecer o terço superior do tubo de ensaio com uma chama fraca.
3. A turvação desenvolve-se na parte aquecida da urina.
4. Adicionar ácido acético a 1%, gota a gota, e ferver ou simplesmente adicionar uma gota de ácido acético a 33%.
5. Se a turvação persistir, confirma a presença de albumina na amostra de urina (o desaparecimento da turvação confirma a presença de albumina na amostra de urina).

(c) Teste do ácido sulfossalicílico

1. Colher 3 ml de urina num tubo de ensaio.
2. Adicione algumas gotas de ácido sulfossalicílico e aqueça suavemente.
3. Uma solução turva esbranquiçada ou turva ou um precipitado (coagulação) na solução indica a presença de albumina na amostra de urina.

18. sal biliar na urina

Objetivo: Detetar a presença de sais biliares numa determinada amostra de urina

Princípio: As hemácias velhas e danificadas são removidas da circulação principalmente no baço e, em parte, no fígado, por macrófagos. A hemoglobina das hemácias é degradada no citoplasma dos macrófagos. Quando o ferro é removido do componente heme da hemoglobina, a porção sem ferro do heme é convertida em biliverdina, um pigmento verde, e depois em bilirrubina, um pigmento amarelo alaranjado. A bilirrubina entra no sangue e é transportada para o fígado a partir do baço. No fígado, a bilirrubina é segregada pelas células hepáticas na bílis, que passa para o intestino delgado e depois para o intestino grosso. A bilirrubina só é detectada na urina em determinados estados patológicos.

Necessidades: Tubos de ensaio, provetas (10 ml), funil, pipeta ou frasco de gotas, solução de iodo de Lugol, solução de cloreto de bário (10%), reagente de Fouchet, enxofre em pó, ácido nítrico concentrado, suporte para tubos de ensaio, suporte para tubos de ensaio, algodão, papel de filtro, água destilada.

Preparação de reagentes

1. Solução de iodo de Lugol: Dissolver 1 g de cristais de iodo e 2 g de iodeto de potássio em 100 ml de água destilada.
2. Reagente de Fouchet: Dissolver 25 mL de ácido tricloroacético (TCA) em 75 mL de água destilada. Adicionar 1 g de cloreto férrico a esta solução e misturar.
3. Solução de cloreto de bário a 10%: Dissolver 10 g de BaCl2 em 90 ml de água destilada e completar a solução até 100 mL com água.

Procedimento

(a) Teste de iodo de Lugol

Verter 4 ml de amostra de urina para um tubo de ensaio. Adicionar 4 gotas de solução de iodo de lugol a este tubo. Agitar bem o tubo e observar. Uma cor amarela a castanha ténue indica a ausência de pigmentos biliares, enquanto uma cor verde clara a verde escura indica a presença de pigmentos biliares.

(b) Teste de Gmelins

Colocar 5 ml de ácido nítrico concentrado num tubo de ensaio. Adicionar-lhe um volume igual da amostra de urina dada, lentamente, ao longo dos lados do tubo de ensaio. A formação de um anel verde, azul, amarelo ou vermelho na junção das duas soluções indica a presença de pigmentos biliares.

Procedimento

Os pigmentos biliares presentes na urina reagem com o ácido nítrico concentrado e induzem a formação de um anel colorido na junção entre a urina e a camada ácida.

(c) Teste de Fouchets

Colher 5 mL da amostra de urina dada. Adicionar 2-5 mL de $BaCl2$ a este tubo de ensaio e misturar as duas soluções. Aparecerá um precipitado. Agora filtre a mistura. O precipitado contendo os pigmentos biliares permanece no papel de filtro. Adicionar 2 gotas de reagente de Fouchet ao precipitado no papel de filtro. Se o precipitado se tornar verde, isso indica a presença de pigmentos biliares.

19. esqueleto humano

Objetivo: Estudar o esqueleto humano

Princípio: O esqueleto humano no adulto é composto por 206 ossos. Pode ser dividido em duas categorias: O esqueleto axial e o esqueleto apendicular. O esqueleto axial é constituído pelos ossos do crânio, da coluna vertebral, do esterno e das costelas. O esqueleto apendicular é constituído pelos ossos dos membros e das suas cinturas.

Requisito: Espécime de esqueleto humano

Procedimento

(i) Observar os diferentes tipos de ossos e articulações presentes no esqueleto humano.

(ii) Desenhe um diagrama rotulado das suas observações.

(a) Crânio humano

(i) É composto por dois conjuntos de ossos - craniano e facial

(ii) Os ossos cranianos são o occipital, o parietal, o frontal, o temporal, o esfenoidal e o etmoidal.

(iii) De acordo com a sua localização no corpo, os ossos cranianos têm uma caixa óssea forte para os olhos chamada órbita.

(iv) Os ossos faciais formam a parte frontal (ou seja, a face) do crânio.

(v) Um único osso em forma de U, chamado hioide, está presente na base da cavidade bucal.

(vi) Uma passagem nasal formada por ossos nasais está presente logo abaixo da órbita.

(vii) Os ossos da maxila e da pré-maxila formam o maxilar superior e o osso da mandíbula forma o maxilar inferior. Estes dois ossos formam também a face, e neles estão alojados os dentes em cavidades especiais. Os dentes não são ossos.

(viii) Suturas distintas em ziguezague estão presentes nas junções do frontal com os dois parietais, bem como entre os dois parietais.

(ix) O osso occipital tem um forame muito grande na sua base posterior, o forame magno, através do qual o cérebro continua posteriormente como uma medula espinal.

(x) O crânio é dicondílico, ou seja, possui dois côndilos occipitais para articulação com a primeira vértebra cervical.

Nota: O crânio constitui o revestimento exterior duro e protetor do cérebro. Todos os ossos do crânio estão articulados por juntas fibrosas, fixas ou imóveis. A mandíbula é o osso mais forte do corpo.

(b) Coluna vertebral

(i) É constituída por 26 unidades dispostas em série, denominadas vértebras (singular: vértebra).

(ii) Cada vértebra tem uma porção central oca chamada canal neural, através da qual passa a medula espinal. A primeira vértebra é o atlas e articula-se com os côndilos occipitais do crânio.

(iii) A coluna vertebral é constituída por vários tipos de vértebras: cervicais (7), torácicas (12), lombares (5), sacrais (1 que se fundiu) e caudais ou coccígeas (1 que se fundiu).

(iv) Uma vértebra típica tem um - (i) centro, a notocorda modificada (ii) dois processos transversos que se projectam lateralmente (iii) um canal neural através do qual passa a medula espinal (iv) uma espinha neural dorsal média formada pela união do arco neural. Consoante a sua localização no corpo, verificam-se modificações secundárias no comprimento do processo transverso e no comprimento da coluna vertebral. As duas vértebras vizinhas articulam-se entre si através das zigapófises anterior e posterior.

Nota: A coluna vertebral forma o eixo central do corpo e mantém-no ereto. Envolve e protege a medula espinal e proporciona uma superfície para a fixação do crânio, das costelas, das cinturas peitorais e pélvicas, bem como de vários músculos do pescoço, do tórax, do abdómen e da cintura.

(c) Caixa torácica e esterno

(i) O esterno forma o assoalho da cesta branquial. Possui 7 (sete) entalhes para articulação com as costelas. Possui um disco hexagonal na parte superior denominado manúbrio. A extremidade inferior possui um osso reduzido chamado processo xifoide

(ii) As costelas podem ser classificadas em duas classes: as costelas torácicas e as costelas esternais. As costelas torácicas articulam-se com as vértebras torácicas e as costelas esternais com o esterno. Algumas (7) das costelas

torácicas estão ligadas às costelas esternais por meio de ligamentos, o que permite aumentar e diminuir o volume da câmara torácica durante a respiração.
(iii) Existem 12 (doze) pares de costelas torácicas. Cada costela é um osso fino e achatado e é transportada ventralmente a partir da coluna vertebral Tem uma cabeça que se articula com o centro e um tubérculo que se articula com o processo transverso das vértebras (iv) 7 (sete) pares de costelas torácicas estão ligadas às costelas esternais.
(v) Os últimos 5 (cinco) pares de costelas torácicas não se articulam com as costelas esternais e são chamados de falsas costelas. Dentre estas, os 2 (dois) últimos pares de falsas costelas estão livres e são chamadas de costelas flutuantes.
Nota: A caixa torácica e o esterno cobrem e protegem os órgãos vitais, como o coração e os pulmões. As costelas são também úteis para a respiração.
(d) Cinta peitoral
(i) É constituído por uma clavícula e uma omoplata.
(ii) A omoplata é um grande osso plano triangular com uma crista ligeiramente elevada denominada coluna vertebral. A coluna vertebral projecta-se como um processo plano e expandido chamado acrómio.
(iii) A clavícula é um osso longo e delgado com duas curvaturas. A clavícula articula-se com o acrómio.
(iv) Abaixo do acrómio encontra-se uma depressão chamada cavidade glenoide, para a articulação da cabeça do úmero para formar a articulação do ombro.
Nota: A cintura peitoral é constituída por duas metades. Cada metade é constituída por uma escápula e uma clavícula. A clavícula é vulgarmente designada por clavícula. O terceiro elemento da cintura peitoral dos vertebrados, o coracoide, é muito reduzido no homem e está presente apenas por uma pequena projeção sobre a cavidade glenoide.
(e) Cintura pélvica
(i) É composto por duas metades.
(ii) Cada metade é formada pela fusão de três ossos - ílio, ísquio e púbis
(iii) No ponto de fusão dos ossos acima referidos existe uma cavidade denominada acetábulo, à qual o osso da coxa se articula.
(v) As duas metades da cintura pélvica encontram-se ventralmente para formar a sínfise púbica. **Nota: A cintura** pélvica é geralmente designada por osso da anca. O ílio articula-se anteriormente com o processo transverso plano das vértebras sacrais.
(f) Ossos da mão ou do membro anterior
(i) É constituído por ossos como o úmero, o rádio e o cúbito, os carpos, os metacarpos e as falanges
(ii) O úmero é um osso reto com uma haste longa, que forma a parte superior do braço. A cabeça do úmero insere-se na cavidade glenoide da cintura

peitoral. Tem uma crista na sua extremidade proximal em forma de crista deltoide para a fixação dos músculos do braço. A extremidade distal tem um forame e um processo troclear, que forma a articulação do cotovelo com o rádio e o cúbito.

(iii) O rádio-ulna é constituído por 2 (dois) ossos separados do antebraço, nomeadamente o rádio e o ulna. O cúbito é mais desenvolvido e tem um processo olecraniano na sua extremidade proximal, que forma a articulação do cotovelo com o úmero.

(iv) Os carpos são constituídos por 8 (oito) pequenos ossos dispostos em duas filas. Forma o pulso

(v) Os metacarpos são constituídos por 5 (cinco) ossos longos que formam a palma da mão.

(vi) As falanges são constituídas por 2 (dois) ossos no polegar e, 3 (três) ossos nos restantes quatro dedos, totalizando assim 14 (catorze) ossos.

(g) Ossos da perna ou do membro posterior

(i) É constituído por fémur, tíbia e fíbula, rótula (rótula), tarso, metatarso e falanges.

(ii) O fémur é o osso mais comprido. A cabeça do fémur encaixa no acetábulo da cintura pélvica. A extremidade proximal tem trocânteres para fixação dos músculos da coxa. A extremidade distal tem dois côndilos, que se articulam com a patela de forma triangular e a parte proximal da tíbia para formar o joelho no lado ventral.

(iii) A tíbia-fíbula é constituída por dois ossos separados, nomeadamente a tíbia e o perónio, e está presente na região do jarrete da perna. A tíbia é mais desenvolvida do que a fíbula. A sua extremidade proximal articula-se com o fémur e a rótula e forma o joelho.

(iv) Existem 7 (sete) ossos do tarso, que estão dispostos em duas filas para formar o tornozelo. O maior destes ossos é o calcário que forma o calcanhar

(v) Os metatarsos são constituídos por 5 (cinco) ossos e formam o pé.

(vi) As falanges são constituídas por 2 (dois) ossos no dedo grande do pé e três ossos em cada um dos restantes dedos, totalizando 14 (catorze) ossos.

Procedimento

(i) Observar os diferentes tipos de ossos e articulações presentes num esqueleto humano.

(ii) Desenhe um diagrama rotulado das suas observações.

(a) Juntas pivotantes

(i) Estas articulações permitem o movimento de rotação.

(ii) Estas articulações encontram-se entre as vértebras atlas e as vértebras axiais da coluna vertebral. É o processo odontoide da vértebra axial que faz rodar o atlas e o crânio.

Observação

(b) Juntas deslizantes

(i) Trata-se de juntas planas, que permitem movimentos para a frente e para trás ou de um lado para o outro de todos ou de alguns elementos de união. No entanto, a torção não é possível.

(ii) Estas articulações encontram-se entre os ossos do tarso e do carpo.

Articulações de deslizamento (a) ossos do membro posterior mostrando a articulação

(c) Articulações de dobradiça

(i) Estas articulações permitem o movimento apenas num plano.

(ii) Estas articulações estão presentes no cotovelo e no joelho

(d) Juntas de sela

(i) Estas articulações permitem movimentos em dois planos.

(ii) Estas articulações encontram-se nos ossos dos metacarpos e dos carpos do polegar

(e) Juntas esféricas e de encaixe

(i) Estas articulações permitem movimentos em mais de dois planos

(ii) Estas articulações estão presentes entre o úmero e a cintura peitoral, o fémur e a cintura pélvica e o martelo e a bigorna (nos ossículos do ouvido).

20. como é que o detergente afecta a germinação das sementes

Os detergentes sintéticos podem conter fosfatos e outros produtos químicos que amolecem a água e impedem que os minerais e a sujidade sejam redepositados na roupa durante a lavagem.

Os fosfatos são nutrientes necessários às plantas em pequenas quantidades. Existem naturalmente em concentrações muito baixas, mesmo em lagos límpidos. Quando muitas pessoas começaram a utilizar detergentes com fosfatos, surgiram problemas. As grandes quantidades de fosfatos despejadas nas massas de água a partir de resíduos domésticos aumentaram muito a concentração de fosfatos nos lagos e ribeiros. O equilíbrio dos seres vivos foi perturbado e registaram-se danos ecológicos.

Atualmente, os fosfatos foram retirados de muitos detergentes para evitar esses danos ecológicos. Existem, no entanto, muitos aditivos nos detergentes que fazem o que os fosfatos faziam. Estes detergentes sem fosfatos são designados por biodegradáveis. As substâncias biodegradáveis podem ser decompostas por bactérias na água. Embora estes novos detergentes não pareçam causar grandes danos ao ambiente, podem afetar as plantas de outras formas, como a taxa de crescimento e a germinação de sementes.

Problema:

Que efeito terão diferentes concentrações de detergentes rotulados como sem fosfatos e biodegradáveis na taxa de crescimento das sementes?

Objectivos:

1. O aluno será capaz de determinar o efeito de diferentes concentrações de

detergente líquido na germinação de sementes.

2. O aluno fará um gráfico dos dados recolhidos na experiência.

3. O aluno irá formular uma hipótese sobre o efeito que diferentes concentrações de detergentes rotulados como sem fosfatos e biodegradáveis terão na taxa de crescimento das sementes.

Materiais:

Fita adesiva

@ Sementes de rabanete

@ Tesoura

Água destilada

@ Placas de Petri

@ Proveta graduada de 10 ml

@ Lápis de cera para marcação

@ Papel milimétrico

@ Palitos de dente

@ 1% de detergente líquido para a loiça

@ Toalhas de papel

@ Solução de detergente líquido para loiça a 10%

@ Lápis de cor

Procedimentos e observações

1. Coloque etiquetas nas tampas de três placas de Petri Controlo, 1% e 10%. Não se esqueça de etiquetar cada placa com o seu nome e período de aulas.
2. Cortar seis círculos de papel absorvente para caber no fundo dos pratos. Colocar dois círculos no fundo de cada prato.
3. Distribuir 10 sementes de rabanete uniformemente no fundo de cada prato.
4. Antes de utilizar a proveta graduada, certificar-se de que está completamente isenta de detergente, lavando-a cuidadosamente com água da torneira e depois com água destilada. Medir e verter 2 ml de água destilada para a cápsula de controlo.
5. Medir e deitar 2 ml da solução de detergente a 1% na cápsula identificada como 1%.
6. Medir e deitar 2 ml da solução de detergente a 10% na cápsula identificada como 10%. Lavar a proveta graduada com água da torneira e depois com água destilada.
7. Utilize um palito de dentes para reposicionar as sementes, se necessário.
8. Voltar a colocar as tampas nas placas de Petri e selar com dois pedaços curtos de fita adesiva em lados opostos da placa.
9. Colocar todas as placas num local quente e escuro (uma incubadora).
10. Elabora uma hipótese que preveja os efeitos de diferentes concentrações de detergentes na germinação das sementes. Escreve a tua hipótese no espaço fornecido na tua folha de respostas.

6. Examine as suas placas de Petri diariamente durante cinco dias. Conta o número total de sementes germinadas por dia em cada placa. A germinação ocorreu se a raiz for visível. Observa e mede as raízes de algumas das plântulas germinadas

7. Não deixar secar as toalhas de papel das placas de Petri. Se necessário, adicionar pequenas quantidades de água ou solução detergente com a concentração correcta às placas de Petri. Certifica-te de que adicionas o mesmo tipo de líquido que adicionaste originalmente a cada placa.

8. Depois de recolher dados durante cinco dias, faça um gráfico de linhas dos seus dados. Coloque o número de dias no eixo horizontal e o número de sementes germinadas no eixo vertical. Para cada tratamento, traça o número de sementes germinadas durante o período de cinco dias. Escolhe um lápis de cor diferente para cada um dos três tratamentos.

21. identificação de compostos orgânicos (macromoléculas)

Introdução:

Para estudar Biologia, é necessário compreender primeiro a química dos organismos vivos. As células são constituídas por muitas moléculas diferentes. O metabolismo celular envolve a produção e destruição de muitos tipos de moléculas, incluindo as quatro classes de moléculas que contêm carbono, também chamadas compostos orgânicos. Os compostos orgânicos são os hidratos de carbono, os lípidos, as proteínas e os ácidos nucleicos.

Problema:

Como identificar as quatro classes de moléculas que contêm carbono: hidratos de carbono, lípidos, proteínas e ácidos nucleicos?

Objectivos:

1. O aluno determinará a presença de amido através de um teste químico.
2. O aluno analisará uma solução de glucose para detetar a presença de açúcares simples.
3. O aluno vai analisar uma amostra de óleo vegetal para detetar a presença de lípidos.
4. O aluno irá analisar uma amostra de gelatina para detetar a presença de proteínas.

Materiais:

Conta-gotas (9)
Lápis de cera para marcação
Solução de amido solúvel
Tubos de ensaio (3)
Óleo vegetal
Etanol a 95%
Suporte para tubos de ensaio
Reagente de biureto
Solução de gelatina a 2%

Suporte para tubos de ensaio
Solução de glucose
Solução de iodo
Rolhas para tubos de ensaio (2)
A solução de Bento XVI
Avental de laboratório
Escova para tubos de ensaio
Banho de água quente
Óculos de proteção
Papel castanho
Placas de aquecimento
Coloração Sudan III

Procedimento:

Parte A. Testes para deteção de hidratos de carbono

> Teste para amido (iodo)

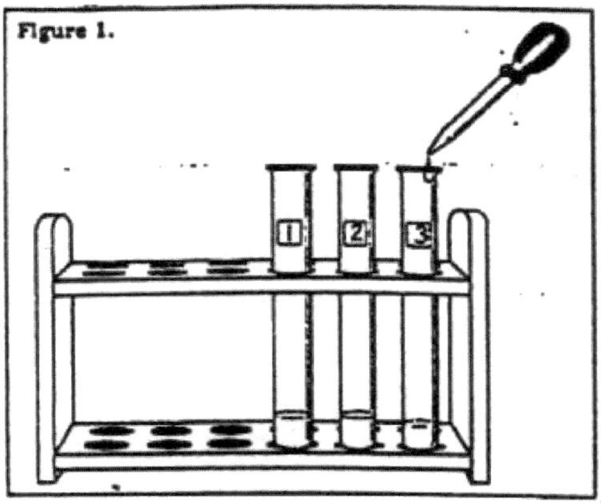

Figura 11. Teste do iodo

1. Calça luvas e um avental. Tal como na figura 1, etiquete três tubos de ensaio 1, 2 e 3. Coloque-os num suporte para tubos de ensaio.
2. Utilizando um conta-gotas separado para cada solução, adicione 10 gotas de solução de amido solúvel ao tubo de ensaio 1, 10 gotas de solução de glucose ao tubo de ensaio 2 e 10 gotas de água ao tubo de ensaio 3. Registe a cor do conteúdo de cada tubo na Tabela 1 da sua folha de respostas.
3. Adicionar 3 gotas de solução de iodo a cada tubo de ensaio. **Cuidado**: Se o iodo for derramado, chama imediatamente o teu professor.
4. Registar no quadro 1 a cor do conteúdo de cada tubo após a adição do iodo. **Uma cor azul-preta indica a presença de amido.**
5. Deite fora o conteúdo dos tubos de ensaio de acordo com as instruções do seu professor. Utilize suavemente uma escova de tubos de ensaio e água com sabão para limpar os tubos de ensaio e enxaguar com água limpa.

> **Teste para a deteção de açúcares redutores simples (Benedict's)**

1. Aquecer o banho-maria até à ebulição na placa de aquecimento.
2. Rotular três tubos de ensaio 1, 2 e 3.
3. Utilizando conta-gotas separados para cada solução, adicione 10 gotas de solução de amido ao tubo de ensaio 1, 10 gotas de solução de glucose ao tubo de ensaio 2 e 10 gotas de água ao tubo de ensaio 3. Registe a cor do conteúdo de cada tubo na Tabela 2 da sua folha de respostas.
4. Adicionar 20 gotas de solução de Benedict a cada um destes três tubos de ensaio e colocar num banho de água a ferver durante 3 minutos.

A solução de Benedict testa a presença de açúcares redutores simples (monossacáridos e alguns dissacáridos, mas não polissacáridos). Assim, pode ou não ocorrer uma mudança de cor quando a solução de Benedict é adicionada a um hidrato de carbono e aquecida. **Uma mudança de azul para verde, amarelo, laranja ou vermelho ocorre quando um monossacárido ou alguns dissacáridos estão presentes.**

5. Retirar os três tubos de ensaio do banho-maria com um suporte para tubos de ensaio e colocá-los num suporte para tubos de ensaio para arrefecer. **Cuidado:** Tenha cuidado para não se queimar. Se a solução de Benedict for derramada, lave com água e contacte imediatamente o seu professor.
6. Registe a cor do conteúdo de cada tubo na Tabela 2 do seu Caderno de Respostas.
7. Deite fora o conteúdo dos tubos de ensaio de acordo com as instruções do seu professor. Utilize suavemente uma escova de tubos de ensaio e água com sabão para limpar os três tubos de ensaio e enxaguar com água limpa.

Parte B. Testes para lípidos

> **Teste para lípidos (papel castanho)**

1. Coloca uma gota de água num pequeno pedaço de papel castanho. Coloca uma gota de óleo no mesmo pedaço de papel, num local diferente. Deixa secar o papel durante alguns minutos.
2. Segurar a folha de papel contra a luz. **Se for visível uma mancha semi-transparente (translúcida), a amostra contém lípidos.** Registar o aspeto das duas manchas no quadro 3.

Teste para lípidos (Solubilidade em etanol)

1. Rotular dois tubos de ensaio 1 e 2.
2. Utilizando conta-gotas separados, adicionar 20 gotas de etanol a 95% ao tubo de ensaio 1 e 20 gotas de água ao tubo de ensaio 2.
3. Adicionar 5 gotas de óleo aos tubos de ensaio 1 e 2 e colocar a rolha em cada tubo
4. Misturar bem cada tubo, deixar assentar e registar no quadro 4 da folha de respostas se o óleo é solúvel em qualquer um dos solventes.
5. Os lípidos só são solúveis em solventes não polares porque os próprios lípidos não são polares.

6. Deite fora o conteúdo dos tubos de ensaio de acordo com as instruções do seu professor. Utilize suavemente uma escova de tubos de ensaio e água com sabão para limpar os dois tubos de ensaio e enxaguar com água limpa.

?> Teste para lípidos (coloração de Sudão)

1. Rotular dois tubos de ensaio 1 e 2.
2. Colocar 25 gotas de água no tubo de ensaio 1. Colocar 25 gotas de óleo de salada no tubo de ensaio 2.
3. Adicionar 15 gotas de Sudan III a cada tubo de ensaio e misturar bem os dois tubos (utilizando a técnica correcta). Colocar os tubos de ensaio de lado durante alguns minutos para permitir que a reação ocorra.
4. Um teste positivo para lípidos tem uma separação entre os líquidos e fica com uma cor avermelhada mais escura. Um teste negativo não apresenta uma separação entre os líquidos nem gotículas de óleo. A cor de um teste negativo deve ser um rosa alaranjado (ou vermelho claro).
5. Registe os seus resultados.
6. Deite fora o conteúdo dos tubos de ensaio de acordo com as instruções do seu professor. Utilize suavemente uma escova de tubos de ensaio e água com sabão para limpar bem os dois tubos de ensaio e enxagúe-os com água limpa.

Parte C. Testes para proteínas

> Teste de proteínas (Biureto)

1. Rotular três tubos de ensaio 1, 2 e 3.
2. Utilizando conta-gotas separados, adicione 30 gotas de gelatina a 2% ao tubo de ensaio 1, 30 gotas de solução de glucose ao tubo de ensaio 2 e 30 gotas de água ao tubo de ensaio 3. Registe a cor do conteúdo de cada tubo na Tabela 6.
3. Adicionar 10 gotas de reagente de biureto a cada tubo de ensaio. **Precaução:** O reagente de biureto é extremamente cáustico para a pele e para o vestuário. Se o reagente de biureto for derramado, lave com água e contacte imediatamente o seu professor.

Quando **o reagente de biureto** é misturado com **uma proteína, produz uma cor lavanda a violeta.**

4. Registe na folha de respostas a cor do conteúdo de cada tubo após a adição do reagente de biureto.
5. Deite fora o conteúdo dos tubos de ensaio de acordo com as instruções do seu professor. Utilize suavemente uma escova de tubos de ensaio e água com sabão para limpar os dois tubos de ensaio e enxaguar com água limpa.
6. Preencha a última coluna dos cinco quadros com a interpretação correcta dos resultados dos testes.

CAPÍTULO 4

12. usando um microscópio composto para observar células eucarióticas

O microscópio é um instrumento científico importante. Permite observar coisas demasiado pequenas para serem vistas a olho nu. Em muitas das actividades deste manual de laboratório será utilizado um microscópio composto, um microscópio com duas lentes. Neste tipo de microscópio, a luz passa através da amostra ou do objeto que está a ser observado. Uma lente, a objetiva, faz com que os raios de luz provenientes da amostra se espalhem, formando uma imagem ampliada do objeto. A segunda lente, a ocular, foca e amplia ainda mais a imagem.

Ao trabalhar com um microscópio composto, pode utilizar amostras que tenham sido preparadas de uma de duas formas. Uma lâmina preparada é feita para ser permanente e pode ser comprada numa loja de materiais de construção. Uma lâmina de montagem húmida é feita para uso temporário e pode ser feita e usada durante um período de laboratório.

As células são as unidades funcionais básicas de todos os organismos. Os organismos podem existir como unicelulares ou multicelulares. Existem duas divisões principais em que todas as células se dividem: procariótica (organizada, sem núcleo) e eucariótica (organizada, com núcleo presente). As bactérias constituem a primeira divisão, enquanto as células das plantas, animais, fungos, protozoários e algas constituem a segunda. As células animais e vegetais partilham muitas características, que poderá observar neste laboratório. Elas também diferem em vários aspectos importantes. Neste laboratório, você usará essas semelhanças e diferenças para classificar espécimes desconhecidos.

Problema:

Como é que os microscópios compostos ampliam e resolvem imagens de objectos? Qual é o aspeto das células vegetais e animais?

Objectivos:

1. O aluno será capaz de nomear as partes e explicar o funcionamento de um microscópio composto.
2. O aluno irá preparar e observar uma montagem húmida.
3. O aluno utilizará diapositivos preparados.
4. O aluno observará as características microscópicas das células eucarióticas.
5. O aluno examinará as características comuns às células animais e vegetais.
6. O aluno identificará as diferenças entre as células animais e vegetais.

Materiais:

Microscópio composto, Frasco conta-gotas, Lâmina preparada de fios, Água, Lâminas em branco

Jornal, lâminas de cobertura, azul de metileno, papel para lentes, palito de dentes, água, pinça, iodo de Lugol, pipeta

Procedimentos

Parte I. Aprendendo sobre o Microscópio:

Obtenha o seu microscópio junto do seu professor. Transportar o microscópio sempre na posição vertical, com uma mão segurando o braço e a outra apoiando a base, como mostra a Figura 1. Sente-o afastado da borda da mesa.

Nota: O microscópio é um instrumento caro e de precisão. Manuseie-o com cuidado.

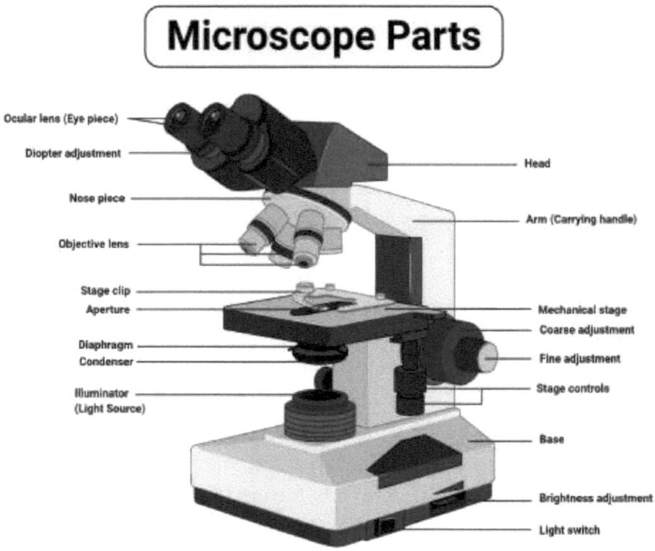

Figura 12: Microscópio

Alguns microscópios têm uma luz eléctrica incorporada, ou iluminador. Outros têm um espelho para refletir a luz no espécime. **Precaução:** Nunca utilize a luz solar direta como fonte de luz. Pode danificar os olhos.

Examine o diafragma. Ajuste-o para a abertura maior, de modo a que entre mais luz no microscópio. Para saber isso, basta olhar através da ocular.

Rode as objectivas até que a objetiva de baixa potência, a mais curta, esteja no lugar. Comece sempre pela objetiva de baixa potência ou mais curta.

Observe o número seguido de um "X" na parte lateral de cada objetiva. Este número representa o poder de ampliação da objetiva. O "X" significa "vezes". Assim, o número indica quantas vezes um objeto é ampliado por esta objetiva. (Nem todos os microscópios da SHS têm um "X" na parte lateral da objetiva)

Se as lentes parecerem sujas ou manchadas, limpe-as cuidadosamente com papel para lentes. Utilize apenas papel para lentes porque outros tipos de papel podem danificar as lentes.

A lente ocular tem também um poder de ampliação. A potência de ampliação total do microscópio é fácil de calcular. Basta multiplicar a potência de ampliação da ocular pela potência de ampliação da objetiva. Por exemplo, se a ocular for de 5X e a objetiva de 10X, a ampliação total do objeto visualizado é de 5X x 10X= 50X.

Parte II. Preparação e exame de uma montagem húmida

Encontra uma pequena letra "e" num pedaço de jornal. Corta um quadrado de 1 cm de papel com o "e" perto do centro.

1. Colocar o quadrado no meio de uma lâmina limpa. Com uma pipeta, colocar uma gota de água no quadrado. Deita a água cerca de 1 cm acima da lâmina. Não encostes a pipeta ao papel, senão o papel cola-se à pipeta.

2. Cobrir agora a montagem com uma lamela limpa. Uma forma de o fazer é apresentada na Figura 3-a. Segurar a lamela num ângulo de cerca de 45* em relação à lâmina e movê-la em direção à gota. À medida que a água toca na lamela, esta espalha-se ao longo da borda. Baixar suavemente a lamela para o seu lugar. Outra forma de colocar a lamela no lugar é apoiá-la com uma agulha de dissecação, como se mostra na Figura 3-b. Baixar lentamente o bordo apoiado e observar como a água preenche o espaço. Utilizar o método que for mais fácil para si e que lhe permita obter uma boa montagem húmida. Não pressionar a lamela - esta deve assentar na parte superior da água. Uma boa montagem húmida não tem bolhas. Se a sua montagem tiver demasiadas bolhas, retire a lamela e absorva a água com a toalha.

Em seguida, repetir as etapas 2 e 3.

NOTA: O seu professor pode optar por omitir os passos 1-3 e, em vez disso, visualizar um diapositivo preparado da letra "e".

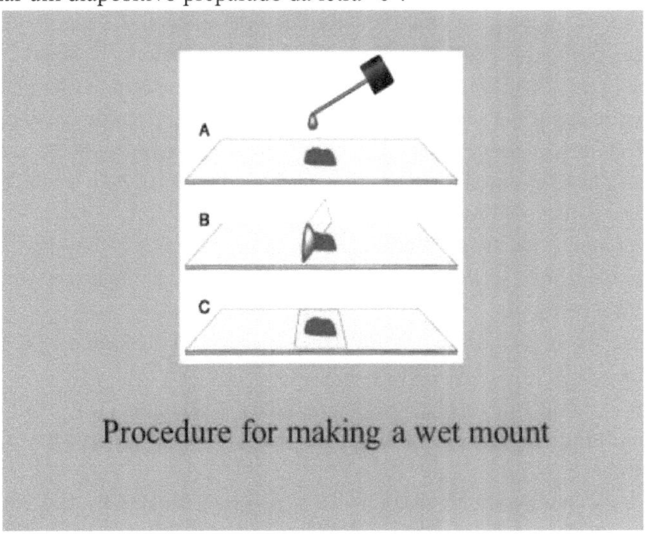

Figura 13 . Preparação e exame de uma montagem húmida

1. Encaixe a objetiva de baixa potência no lugar. Certifique-se de que tem uma boa fonte de luz e que o diafragma está na abertura máxima. Olhe através

do microscópio e ajuste o espelho ou o iluminador para obter a luz mais brilhante. Não se esqueça de nunca utilizar a luz solar direta como fonte de luz.

2. Verificar se a parte inferior da lâmina está seca antes de a colocar na platina do microscópio. Colocar a lâmina na platina de modo a que o "e" esteja na posição de leitura e sobre o orifício da platina. Fixar a lâmina com os clipes da platina.

3. Olhar para o microscópio de lado. Utilize o botão de ajuste grosso para baixar a platina até que a objetiva fique a cerca de 1 cm acima da lâmina, ou até sentir uma paragem automática.

4. Olhar através da ocular, mantendo os dois olhos abertos. Manter os dois olhos abertos é difícil no início, mas ajuda a evitar a fadiga ocular. Com a prática, tornar-se-á mais fácil. **Nota**: Olhar sempre para o microscópio de lado enquanto levanta a platina. Se olhar através da ocular, pode fazer com que a objetiva embata na lâmina, partindo-a e danificando o microscópio.

5. Suba lentamente o palco rodando o ajuste grosseiro até as letras ficarem focadas. Utilize o ajuste fino para aumentar a nitidez da focagem. Observe a letra "e".

6. Mova o diapositivo para a esquerda. A imagem deve mover-se para a direita.

7. Mova o diapositivo para a direita. A imagem deve mover-se para a esquerda.

8. Mova o diapositivo para trás e para a frente. A imagem deve mover-se na direção oposta.

9. Observe a montagem húmida à medida que muda o diafragma para cada uma das suas definições. Ajustar o diafragma de modo a obter um bom contraste e uma boa iluminação sem brilho. Antes de utilizar a alta potência, a amostra deve estar bem focada no centro do campo de visão de baixa potência. **Nota**: Toda a focagem em alta potência é efectuada com os botões de ajuste fino. Não ajuste em alta potência com o ajuste grosseiro. Não existe paragem automática para a objetiva de alta potência.

10. Observando de lado, mude cuidadosamente para a objetiva de alta potência. Certifique-se de que a objetiva não atinge a lâmina, mas espere que esteja muito perto.

11. Concentre-se na letra "e". Para o fazer, basta rodar ligeiramente o botão de ajuste fino.

Part III. Poder de resolução e profundidade de campo

A profundidade de campo é a distância acima do slide em que o objeto está bem focado.

Obtém uma lâmina preparada com fios de cores diferentes e responde às perguntas da folha de respostas.

Ver a lâmina em baixa potência. Concentre-se diretamente no ponto onde os fios se cruzam.

Passar para a potência máxima e observar os fios.

Part IV. Células vegetais

1. Obter uma única folha de Elodea (das folhas jovens na ponta).
2. Preparar um molde húmido do mesmo.
3. Procura uma zona da folha onde possas ver as células mais claramente.
4. Examinar estas células em alta potência, focando cuidadosamente para cima e para baixo com o ajuste fino. Ao examinar as células, poderá ver os cloroplastos a moverem-se. Se não se moverem, aquecer a lâmina na mão ou sob uma luz forte durante alguns minutos. **Atenção:** Não deixar a lâmina secar. Examinar novamente a lâmina sob alta potência.
5. Colocar uma gota de solução de iodo de Lugol na lâmina.
6. Voltar a colocar a folha de rosto.
7. Esperar cerca de um minuto para que a coloração penetre nas células. Em seguida, examinar as células coradas de Elodea em baixa e alta potência.

Part V. Células animais

1. Colocar uma gota de água numa lâmina limpa.
2. Obter células epiteliais humanas raspando suavemente o interior da bochecha com um palito de dentes limpo.
3. Agitar o material do palito na gota de água sobre a lâmina.
4. Adicionar uma pequena gota de corante azul de metileno à lâmina. **Precaução:** O azul de metileno é tóxico, mancha a pele e pode ter um odor desagradável.
5. Colocar cuidadosamente uma lamela na lâmina.
6. Examinar a lâmina com baixa potência. Quando encontrar algumas células separadas umas das outras, examine-as com alta potência.

13. osmose e difusão

Introdução:

A água passa através da membrana celular de áreas de alta concentração para áreas de baixa concentração. Este movimento da água é designado por osmose. Se uma célula for colocada num ambiente em que a concentração de água é menor do que a existente no interior da célula, a água fluirá para fora da célula através da membrana e para o ambiente que a rodeia. Esta remoção de água é denominada plasmólise e provoca o encolhimento da célula. Numa célula animal, toda a célula murcha. Numa célula vegetal, o citoplasma encolhe e afasta-se da parede celular.

Um cientista pode observar os efeitos da perda de água e do encolhimento do citoplasma de uma célula com um microscópio. Estas observações são medidas qualitativas. Ao medir a quantidade de perda de água em gramas, o cientista faz uma medição quantitativa.

Problema:

Que efeito se observa na cebola e na batata quando se adicionam soluções salinas a 5% e 10%?

Objectivos:

A. O aluno será capaz de observar os efeitos qualitativos da plasmólise nas células da cebola.

B. O aluno recolherá os dados de cada uma das experiências.

C. O aluno irá medir quantitativamente a taxa de plasmólise em fatias de batata.

Materiais:

4- Cebola vermelha em rodelas
4- Batata
4- Solução salina a 5%
4- Água destilada
4- Solução salina a 10%
4- Microscópio
4- Solução salina a 15%
4- Pipetas
4- Folha de rosto
4- Copos de plástico
4- Lâminas para microscópio
4- Balança eletrónica

Procedimentos:

Part A: Plasmólise Qualitativa - Cebola Vermelha

1. Faça um slide de montagem húmida com uma rodela de cebola roxa.
2. Localize as células utilizando a lente objetiva de 4x, depois de 10x e, finalmente, de 40x do seu microscópio.
3. Faz um esboço das células epidérmicas da cebola vermelha na secção de dados do teu caderno de respostas.
4. Colocar duas gotas de solução salina a 5% ao longo de um dos bordos da lamela. Desenhe a solução salina ao longo da lâmina, colocando uma pequena secção de papel de cozinha no lado oposto da lamela. (peça ao seu professor para o demonstrar) Observe os efeitos da solução nas células utilizando o microscópio.
5. Faça um esboço do que observou na secção de dados da sua folha de respostas.
6. Substituir a solução salina por água destilada da mesma forma que a solução salina foi adicionada.
7. Observa os resultados e faz um esboço do que observaste na secção de dados da tua folha de respostas.
8. Faça outra montagem húmida de cebola roxa e repita este procedimento utilizando uma solução salina a 10%. Não se esqueça de registar as suas observações na folha de respostas.

Part B: Osmose

1. Obter seis rodelas de batata branca.

2. Divida as fatias em três pilhas de duas.
3. Mede cada pilha e depois regista a massa na tabela de dados da tua folha de respostas. Regista também a cor, o aspeto geral, a flexibilidade, etc. das tuas batatas na tabela de dados.
4. Coloque cada pilha de fatias de batata numa chávena separada.
5. Identifica os copos como A, B e C.
6. No copo A, adicionar cerca de 75 ml de solução salina a 5%.
7. No copo B, adicionar cerca de 75 ml de solução salina a 10%.

No copo C, adicionar cerca de 75 ml de solução salina a 15%.

Certifique-se de que o seu nome e período estão nos copos e reserve-os durante 24 horas.

8. Passadas 24 horas, retire as rodelas de batata dos copos.
9. Limpe rapidamente as fatias com uma toalha de papel e determine a nova massa de cada pilha. Registe a massa de cada pilha na sua tabela de dados.
10. Nas linhas 3 e 4 da sua tabela de dados, indique a quantidade de aumento ou diminuição da massa de cada pilha. (Para cada amostra, só poderás preencher a linha 3 ou 4, não ambas!!)
11. Registar o aspeto de cada fatia de batata na tabela de dados.
12. Deite fora as batatas e as chávenas no lixo.

22. cromatografia

Quando se olha para uma folha, o pigmento verde clorofila é normalmente o único pigmento que parece estar presente. Na verdade, a clorofila é apenas um dos muitos tipos de pigmentos presentes na folha e um dos vários que estão envolvidos no processo de fotossíntese. Uma vez removidos da folha, os pigmentos fotossintéticos podem ser separados uns dos outros e identificados usando um processo chamado cromatografia.

A cromatografia é um processo físico no qual vários compostos são separados de uma solução e uns dos outros. Quando se utiliza papel de cromatografia, o solvente é absorvido por ação capilar. À medida que o solvente se move para cima no papel, transporta consigo os compostos que foram colocados no papel. Cada um destes compostos move-se para cima a uma velocidade específica em relação ao solvente em movimento e pode ser identificado pelas distâncias que percorre.

Problema:

Que pigmentos podem ser encontrados através do processo de cromatografia?

Objectivos:

A. O aluno irá extrair uma mistura de pigmentos fotossintéticos de plantas.
B. O aluno irá preparar e analisar uma cromatografia em papel.
C. O aluno irá calcular os valores Rf para vários pigmentos fotossintéticos.

Materiais:

4- 1 pedaço de papel para cromatografia
5- 1 copo

6- 1 moeda
7- 1 folha de magnólia fresca ou de espinafre
8- Álcool para esfregar

Procedimentos

1. A 1,5 cm do fundo do papel de cromatografia, traçar uma linha ligeira a lápis ao longo do papel.
2. Colocar a folha fresca sobre a linha.
3. Passar a moeda várias vezes sobre a folha, de modo a que uma linha horizontal de pigmento seja transferida para o papel.

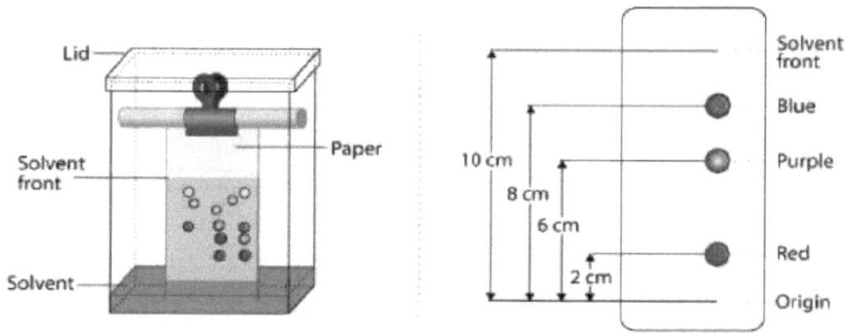

Figura 14.ensaio cromatográfico

4. No copo, deita cerca de 1 cm de álcool.
5. Dobrar a extremidade do papel de cromatografia sobre o lado do copo, de modo a que a parte inferior do papel mal toque no copo.
6. Cronometre o papel durante um minuto e, em seguida, registe as suas observações na tabela de dados no ponto de 1 minuto. Ex. O que viste, quaisquer alterações na cor, a distância a que o álcool se deslocou e a distância a que o pigmento se deslocou.
7. Agora vai cronometrar o papel durante 14 minutos. A cada minuto, registe as suas observações na sua tabela de dados. Não te esqueças de medir a distância que o álcool e o pigmento percorreram.

23. tempo e mitose

Introdução:

A mitose é um processo no qual se formam novas células. A formação de novas células permite o crescimento e a reparação de organismos multicelulares. Nos organismos unicelulares, a mitose é essencialmente a reprodução. Dois novos organismos são produzidos a partir da mitose de um organismo. A mitose é por vezes designada por divisão celular. No entanto, na realidade, trata-se apenas de uma divisão nuclear. O núcleo e o seu conteúdo são replicados, seguido da divisão do citoplasma para formar duas células filhas. Por mitose, cada célula filha obtém um conjunto de cromossomas idêntico ao da célula-mãe.

O tempo que uma célula leva para completar a mitose, da prófase à telófase, varia com cada tipo de tecido e com a temperatura metabólica do ambiente circundante. Normalmente, o tempo de mitose das células varia dentro de um mecanismo de relógio biológico. Ou seja, as células em algumas fases da mitose são mais numerosas em momentos específicos durante um ciclo de 24 horas do que as células noutras fases.

Durante esta investigação, há duas suposições sobre a quantidade de tempo para cada fase da divisão celular. Assumir que (1) o tempo total que leva para a mitose ocorrer em pontas de raízes de cebola é o máximo para todas as fases (Tabela 7-1), e (2) todas as células contadas vieram de pontas de raízes cultivadas sob as mesmas condições e foram cortadas e preservadas ao mesmo tempo. O tempo necessário para completar a prófase é de 45 minutos. São necessários 10 minutos para completar a metáfase, 20 minutos para a anáfase e 35 minutos para a telófase. O tempo total para completar a mitose é de 110 minutos. Por exemplo (a 10°C), se são necessários 45 minutos para completar a prófase, então 45 das 110 células observadas devem estar em prófase.

Problema:

Quanto tempo é necessário para completar cada fase da mitose?

Objectivos:

1. O aluno identifica cada uma das fases da mitose.
2. O aluno vai contar 110 células para determinar quanto tempo demora a completar cada uma das fases da mitose.

Materiais:

Microscópio composto

Lâmina preparada de uma ponta de raiz de Allium (ponta de raiz de cebola), secção longitudinal

Procedimentos

1. Estudar as características físicas de cada uma das fases da mitose, tal como ilustrado nas Figuras 15

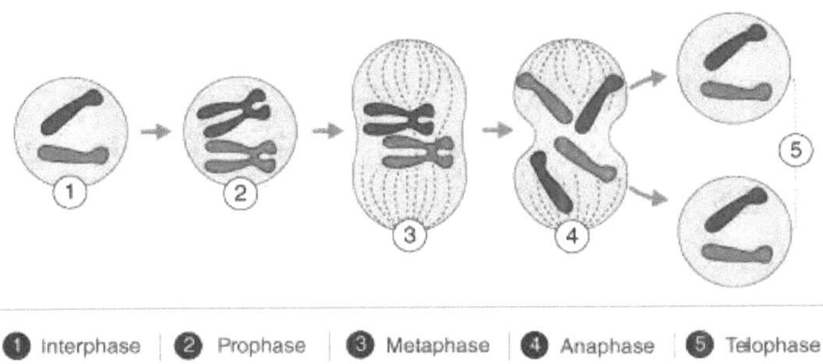

o Interfase ф Prófase ф Metáfase Q Anáfase ф Telófase

Figura 15. Mitose

2. Colocar uma lâmina preparada de uma secção longitudinal de uma ponta de raiz de cebola na platina de um microscópio composto. Localizar a zona meristemática perto da ponta da raiz, em baixa potência.

3. Rodar o ponteiro para a potência máxima e observar as células. Localize uma célula em prófase, metáfase, anáfase e telófase e posicione-a na ponta do ponteiro. Mostre ao seu professor.

4. Em seguida, registar o número de células em cada fase da mitose das primeiras 110 células. Não contar as células em interfase. Registe as suas observações na Tabela 6-1, na coluna Os seus dados.

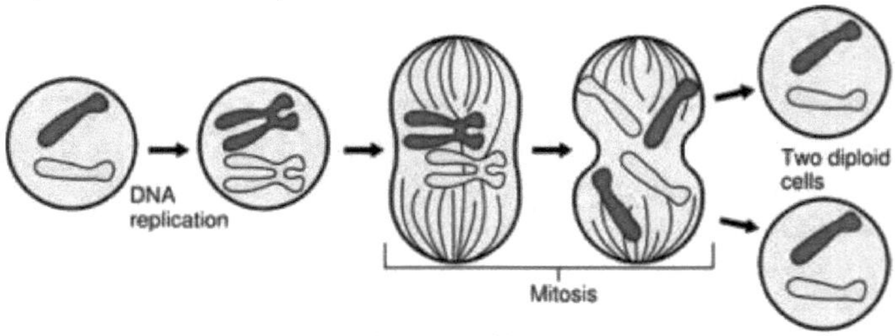

Figura 16. Teste de divisão celular

5. Registe os seus dados no quadro de giz, juntamente com o resto da turma.

6. Registar a média dos dados da turma para cada fase da mitose na Tabela 6-1 na coluna Dados da turma.

24. genótipos e fenótipos para uma caraterística

Introdução:

No domínio da genética, é possível calcular os resultados que aparecerão na descendência se os genótipos de ambos os pais forem conhecidos. Estes são os chamados resultados esperados. Estes resultados podem ser calculados através da matemática ou utilizando quadrados de Punnett. Assim, os resultados esperados são números específicos e não são o resultado de eventos aleatórios. Os resultados que aparecem na descendência em cruzamentos efectivos são chamados resultados observados. Estes resultados devem-se a combinações fortuitas de determinados genes. Assim, os resultados observados são sempre devidos ao acaso.

Os resultados esperados e observados nem sempre estão de acordo, mas deve haver alguma concordância. Os resultados esperados são utilizados para prever os resultados antes de o cruzamento ser efectuado e os resultados observados são o que realmente acontece no cruzamento.

Problema:

Como é que os genótipos e os fenótipos podem ser determinados?

Objectivos:

1) O aluno compara os fenótipos esperados com os fenótipos observados, atirando uma moeda ao ar 100 vezes.

2) O aluno irá comparar os genótipos esperados com os genótipos observados.

Materiais:

- 2 cêntimos
- Fita adesiva (mascaramento)

- Lápis
- Tesoura

Procedimentos:

Part A: Determinação do número de genótipos

Registe as suas respostas na secção Resultados.

1) Quantos de cada combinação genotípica são esperados na descendência de um cruzamento se ambos os pais são Ss para uma caraterística?
2) Utilize o quadrado de Punnett para determinar os genótipos.
3) Quantos de cada combinação de genótipos são esperados se houver 100 descendentes? Multiplique cada número da coluna A por 25.

Part B: Determinação do número de genótipos esperados

1) Cubra os dois lados de duas moedas de um cêntimo com fita adesiva. Corte o excesso de fita adesiva com uma tesoura. **Cuidado:** Tem sempre cuidado com a tesoura.
2) Imprimir um S numa face de cada moeda e um s na outra face de cada moeda.
3) Coloque as duas moedas nas mãos em concha, aperte-as e depois atire-as para a sua secretária
4) Leia e registe o resultado. Faça uma barra (/) na linha correcta da coluna para indicar a combinação de letras.
5) Repetir este processo até que as moedas tenham sido lançadas 100 vezes.

Part C: Determinação do número de fenótipos esperados

1) Suponha que S representa o gene dominante para a pigmentação normal da pele. Suponha que **s** representa uma condição recessiva chamada albinismo, ausência de pigmentação da pele.
2) Calcule o número esperado para cada caraterística se houver 100 descendentes.

Part D: Determinação do número de fenótipos observados

1) A partir dos seus dados na coluna D da tabela 7-1, totalize e registe na coluna C da tabela 7-2 o número de descendentes que terão pigmento de pele normal (**SS**, **Ss**, **sS**) e aqueles que serão salbinos (**ss**).

14. Determinação de genótipos a partir de fenótipos em seres humanos.

Introdução:

Um organismo pode ser considerado como uma grande coleção de fenótipos. Um fenótipo é uma caraterística física e é determinado por pares de genes. Os pares de genes representam o genótipo para a caraterística. Se lhe contassem um número suficientemente grande de traços fenotípicos que pertencessem a outra pessoa, seria capaz de reconhecer essa pessoa.

Nesta exploração, irá determinar alguns dos seus próprios traços fenotípicos. A partir destes, será capaz de determinar quais são os seus genótipos para alguns dos traços. Se uma caraterística for dominante e se possuir essa caraterística, não poderá determinar o seu genótipo exato porque pode ser homozigótico ou heterozigótico para o gene. No entanto, se uma caraterística for determinada por dominância incompleta, é possível saber se é homozigótico ou heterozigótico. Os genótipos de características recessivas podem ser identificados. Comparando os teus genótipos e fenótipos com os de outras pessoas da tua turma, verás porque é que és um indivíduo único. Dado o número ilimitado de combinações de genes, é virtualmente impossível que alguém tenha todas as mesmas características que tu.

Problema:

Qual é o seu fenótipo e genótipo para nove características diferentes?

Objectivos:

1. O aluno determinará o seu fenótipo para nove características diferentes.
2. O aluno determinará os seus possíveis genótipos para nove características diferentes.
3. O aluno compara os seus fenótipos e genótipos com os dos outros alunos da turma.
4. O aluno avaliará a sua singularidade enquanto indivíduo.

Materiais:

Papel de prova da PTC

Papel de sabor não tratado

Procedimentos:

1. Obtém do teu professor um pedaço de papel PTC e um pedaço de papel de sabor não tratado. Primeiro, coloque o papel não tratado na sua língua molhada para ver o seu sabor. Depois, deite-o no caixote do lixo e coloque o papel PTC na sua língua molhada para ver se sente o sabor da feniltiocarbamida - PTC.
2. O PTC é bastante amargo e notar-se-á imediatamente se tem ou não a capacidade de sentir o sabor deste químico. Se conseguir sentir o sabor do PTC, introduza "provador" no local correto da coluna "O seu fenótipo" na tabela. Se não conseguir sentir o sabor do produto químico, introduza "não provador" na tabela. Deita fora o papel de prova no caixote do lixo.
3. Agora que determinou o seu fenótipo, introduza na coluna "Os seus genótipos possíveis" qual poderá ser o seu genótipo. Os provadores são **TT** ou **Tt**. Os não provadores são **tt**.
4. Para cada uma das seguintes características, observa e regista o teu fenótipo na tabela. Em seguida, registe os seus possíveis genótipos.

Linha do cabelo - A linha do cabelo em forma de pico de viúva chega a um ponto no centro da testa (**WW** ou **Ww**). Os indivíduos que não têm esta caraterística são **ww.**

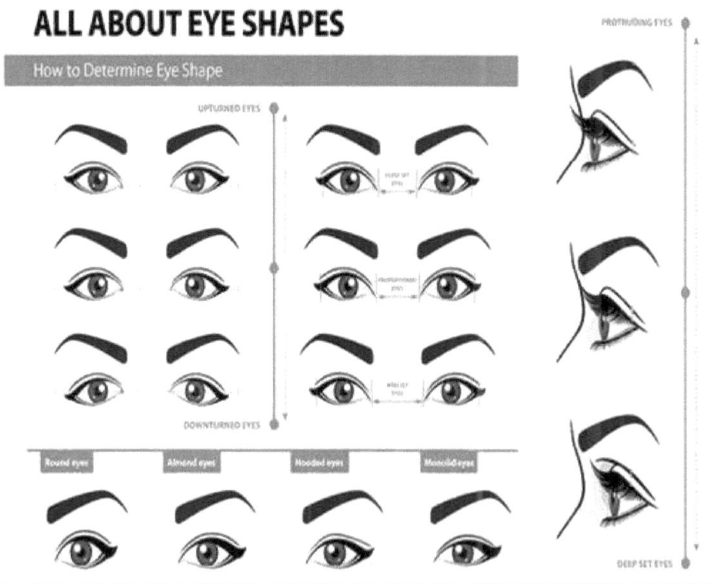

25. extração de ADN

Neste laboratório, irá extrair cadeias de ADN de um morango. Os morangos produzem resultados fantásticos porque estão cheios de ADN. Uma das razões pelas quais os morangos funcionam tão bem é o facto de serem macios e fáceis de pulverizar. Além disso, os morangos maduros produzem enzimas que já estão a quebrar as paredes celulares. O mais interessante é que os morangos têm genomas enormes. São octoplóides, o que significa que têm oito cópias de cada cromossoma.

O tampão de extração de ADN contém champô, sal e água. O detergente do champô ajuda a dissolver as bicamadas de fosfolípidos da membrana celular e dos organelos. O sal ajuda a manter as proteínas na camada de extrato para que não se precipitem com o ADN.

O ADN não é solúvel em etanol. Quando as moléculas são solúveis, dispersam-se na solução e não são visíveis. Quando as moléculas são insolúveis, aglomeram-se e tornam-se visíveis. Quanto mais frio for o etanol, menos solúvel será o ADN.

Objectivos:

1. O aluno irá utilizar um método de extração para obter uma amostra de ADN.
2. O aluno demonstrará técnicas adequadas ao trabalhar com **materiais** de ADN:

4- Saco com fecho de correr resistente

4- Etanol gelado (90%)

4- 1 morango

4- Tubo de ensaio

4- 10 ml de tampão de extração de ADN

4- Vareta de vidro

4- Pano de cozinha 4- Funil 4- Copo pequeno 4- Rolha de borracha

Procedimentos

A. Obter 10 ml de tampão de extração de ADN e colocar num tubo de ensaio

B. Coloque um morango num saco com fecho de correr.

C. Amasse o morango até ficar em pedaços.

D. Colocar o pano de algodão sobre o funil.

E. Verter o conteúdo do saco com fecho de correr através de um funil para um copo pequeno. Pressione suavemente para extrair o líquido.

F. Retirar o funil e verter o líquido do morango para um tubo de ensaio contendo 10 ml de tampão de extração de ADN. Colocar a rolha de borracha e misturar o conteúdo do tubo de ensaio.

G. Com um conta-gotas de cada vez, adicione o etanol ao tubo de ensaio até formar uma camada de 1 cm de espessura sobre o líquido. Deve começar a ver-se a formação de finos filamentos brancos de ADN.

H. Deixar que o ADN se junte ao etanol. Isto deve formar fibras semelhantes a algodão doce.

I. Uma vez formado o aglomerado, pegue na vareta de vidro e insira-a no ADN. Rode a vareta até o ADN se fixar e retire-a do tubo de ensaio. Não agitar a solução.

J. Se estiver disponível, observe a amostra de ADN ao microscópio.

26. estudo da traça-das-pastagens

O sucesso reprodutivo dos organismos mais bem adaptados ao seu ambiente é a seleção natural e é uma força motriz da evolução. A seleção natural actua sobre os indivíduos, fazendo com que a população como um todo evolua ou se adapte. Um dos exemplos mais famosos é o da traça apimentada em Manchester, Inglaterra, de 1845 a 1890. A população de traças adaptou-se de cor clara a manchas escuras ao longo do tempo devido à fuligem das indústrias da zona.

Problema:

Como é que os predadores localizam com sucesso as presas em diferentes ambientes? Como é que as alterações na população de traças-das-pastagens relativamente às variações de cor se relacionam com as alterações no ambiente?

Objectivos:

1. O aluno explicará a importância da coloração para evitar a predação.
2. O aluno irá comparar e contrastar as mudanças ambientais com as mudanças nos organismos dentro de um ecossistema.
3. O aluno deve explicar como a seleção natural leva as populações a mudança.

Materiais:

4- 2 folhas de papel branco
4- Discos de papel branco (30)
4- Discos de jornal (30)
4- 2 folhas de jornal
4- Fórceps
4- Lápis de cor
4- Relógio com ponteiro de segundos
4- Folha de papel quadriculado

Procedimentos

Parte 1 - Simulação das relações predador-presa

1) Trabalhe com um parceiro e decida qual de vocês será o "predador" e qual será o cronometrista.
2) Coloque uma folha de papel branco na mesa do laboratório.
3) Se fores o cronometrista, espalha 30 discos de papel branco e 30 discos de jornal sobre o papel enquanto o teu parceiro olha para o lado. Os discos representam a presa de uma ave.
4) Se fores o predador, usa uma pinça para apanhar o maior número possível de discos em 15 segundos, enquanto o teu parceiro observa o tempo. As pinças simulam o bico de uma ave.
5) Contar o número de cada tipo de disco recolhido em 15 segundos.
6) Registe estes números na tabela de dados na secção Resultados do laboratório.
7) Substituir o papel branco por uma folha de jornal.
8) Se fores o cronometrista, espalha 30 discos de papel branco e 30 discos de jornal sobre o jornal.
9) Se fores o predador, repete o procedimento de caça enquanto o teu parceiro observa o tempo.
10) Mais uma vez, registe os números na tabela de dados na secção Resultados do laboratório.
11) Trocar de papéis e repetir os passos.

Parte 2 - Analisando as relações predador-presa

1) Examine a tabela abaixo, que representa os dados de um estudo de 10 anos de uma população de traças-das-pastagens. Os números representam traças capturadas em armadilhas localizadas na mesma área todos os anos.

2) Número de traças claras e escuras capturadas

Ano	Número de traças da luz capturadas	Número de traças escuras Capturado
2	537	112
3	484	198
4	392	210
5	246	281

6	225	357
7	193	412
8	147	503
9	84	594
10	56	638

Usando o papel quadriculado e os dados da tabela acima, construa um gráfico comparando o número de cada cor de traça-das-pastagens capturada.

3) Traçar os anos do estudo no eixo x (eixo horizontal) e o número de traças capturadas no eixo y (eixo vertical).

4) Utilize um lápis de cor diferente ou outro meio para diferenciar as variações de cor das traças.

5) Não te esqueças de identificar cada eixo e de criar uma legenda para o gráfico.

6) Deite fora os seus materiais de acordo com as instruções do seu professor.

7) Limpe a sua área de trabalho e lave as mãos antes de sair do laboratório.

1. Classificação dos microrganismos

Classificar as coisas significa organizá-las em grupos com base numa certa semelhança. Muito do que fazemos no nosso quotidiano pode ser considerado um tipo de classificação. Por exemplo, quando guardamos os talheres numa gaveta, separamo-los em grupos: facas, garfos, colheres, etc. Uma vez agrupados de acordo com as suas semelhanças, os organismos podem receber nomes científicos que tenham significado e evitem confusão.

Problema:

Como é que os seres vivos são agrupados e designados?

Objectivos:

1. O aluno será capaz de construir um plano de classificação.
2. O aluno será capaz de observar semelhanças e diferenças entre objectos.
3. O aluno será capaz de construir uma chave de classificação.
4. O aluno será capaz de identificar e nomear os seres vivos utilizando uma chave dicotómica.

Materiais:

4- Diagrama de objectos a classificar
5- Chave dicotómica
6- Diagrama de tubarões para identificar e nomear

Procedimentos

Part A: **Plano de classificação**

1) Examine os formulários da Parte A. Repare que cada figura está numerada.
2) Selecciona uma figura e depois encontra outras que sejam suficientemente parecidas com ela para serem colocadas no mesmo grupo. Chama à figura que seleccionaste e aos seus membros do grupo Grupo A.
3) Assinala com um A cada casa que contém as figuras que seleccionaste.

4) Agora seleccione outra figura e siga o mesmo procedimento. Desta vez, chame-lhe o grupo B.

5) Continuar este procedimento até que todas as figuras estejam classificadas.

Part B: Chave de classificação

1) Leia as afirmações 1a e 1b na chave dicotómica da Parte B.

2) Uma destas afirmações descreve o tubarão 1; a outra afirmação não descreve.

3) Siga as indicações do enunciado que descreve o tubarão 1 e continue a seguir as indicações do enunciado correto até identificar o tubarão 1

4) Identifica os restantes tubarões da mesma forma. (Só deves usar o nome de cada família de tubarão uma vez).

5) Não se esqueça de começar sempre por ler as afirmações 1a e 1b.

15. pesquisa de células e tecidos

Introdução:

Todos os organismos vivos são constituídos, pelo menos, por uma célula. Os animais são multicelulares, com um corpo constituído por muitas células. Na maioria dos animais, estas células estão organizadas em tecidos, órgãos e sistemas de órgãos. As células são feitas de moléculas; os tecidos são feitos de células; os órgãos são feitos de tecidos e os sistemas orgânicos são feitos de órgãos. Neste exercício, vais ver representantes dos diferentes tipos de células e tecidos encontrados nos filos animais mais avançados.

Problema:

Como é que as células e os tecidos diferem nos filos animais avançados?

Objectivos:

1. O aluno identifica as camadas da pele humana.
2. O aluno identifica e desenha os diferentes tipos de tecido muscular.
3. O aluno identifica e desenha o tecido nervoso.
4. O aluno identifica e desenha os componentes do sangue, das artérias e das veias.
5. O aluno identifica a histologia do intestino delgado.
6. O aluno identificará o tecido pulmonar.
7. O aluno identifica os tecidos do rim.

Materiais:

4- Microscópio

4- Papel de lente

4- Preparação de diapositivos:

4- Pele humana,

4- Osso compacto,

4- Esquelético

Músculo liso e cardíaco

4- Sangue humano

4- Artérias e veias 4- Neurónios motores

4- Terminações nervosas
4- Pulmão
4- Intestino delgado com vilosidades
4- Rim

Procedimentos

Part A. Sistema Integumentar - Pele Humana

A pele forma uma cobertura hermética e relativamente impermeável para os tecidos delicados que se encontram por baixo, protegendo-os das alterações do ambiente externo. Existem três (3) camadas principais da pele humana: epiderme, derme e subcutâneo. A epiderme é a camada exterior da pele. A derme encontra-se por baixo da epiderme e contém terminações nervosas especializadas, glândulas sudoríparas, vasos sanguíneos e folículos pilosos. A camada subcutânea contém tecido adiposo, ou gordura, que ajuda a proteger e isolar.

/ Obter uma lâmina da pele humana.
/ Localizar a epiderme, a derme e o tecido subcutâneo.
/ Fazer desenhos de cada camada na secção de resultados.

Part B. Sistema esquelético - Osso compacto

/ Obter uma lâmina mostrando uma secção transversal de osso compacto. As células actuais são chamadas osteócitos e encontram-se nas lacunas. O que se vê é principalmente a matriz não celular composta por cálcio e outros minerais.
/ Identificar o Sistema de Aversões, o canal de Haversian (que transporta vasos sanguíneos e fibras nervosas), as lamelas e as lacunas
/ Fazer um desenho rotulado do osso compacto na secção de resultados.

Part C. Sistema Muscular - (Esquelético, Liso, Cardíaco)

O sistema muscular é utilizado para movimentar o corpo e mover substâncias através do corpo. Diferentes tipos de tecido muscular desempenham estas diferentes funções.

/ Obter uma lâmina com a designação "tecido muscular". Esta lâmina contém os três tipos de tecido muscular.
/ Localizar a secção do músculo liso. O músculo liso está sob controlo nervoso involuntário ou autónomo. Estes músculos contraem-se sem qualquer esforço consciente. O músculo liso encontra-se nas paredes das veias, artérias, órgãos digestivos e estruturas reprodutivas.
/ Faça desenhos e identifique a membrana celular e o núcleo do músculo liso na secção de resultados.
/ Encontrar a secção esquelética ou estriada. Este tipo de músculo está ligado por tendões aos ossos do esqueleto e é responsável pelo seu movimento. Tem um aspeto estriado ou estriado. O músculo esquelético está sob controlo nervoso voluntário ou somático. Procura uma secção longitudinal de fibra esquelética e identifica as estrias e os núcleos.
/ Faça um desenho das estrias e dos núcleos na secção de resultados / Localize

a secção que mostra o músculo cardíaco. O músculo cardíaco é único na medida em que o próprio coração pode gerar uma contração sem controlo nervoso. O músculo cardíaco também é estriado e tem discos intercalares (áreas onde as células se sobrepõem). As fibras cardíacas ramificam-se frequentemente.

3. Fazer um desenho pormenorizado na secção de resultados, identificando os discos intercalados.

Part D. Sistema Circulatório - (Sangue Humano, Artérias e Veias)

Todos os anelídeos e vertebrados têm um sistema circulatório fechado. Isto significa que o sangue está completamente contido nos vasos. O sistema circulatório transporta alimentos, vitaminas, hormonas, oxigénio, resíduos e tudo o que precisa de chegar às células ou de se afastar delas.

Obter uma lâmina de microscópio da artéria-veia. As artérias transportam o sangue oxigenado para longe do coração; as veias transportam o sangue carregado de CO_2 de volta ao coração. As veias e as artérias encontram-se juntas, servindo os mesmos tecidos. Para além das suas diferenças funcionais, existem diferenças morfológicas. As artérias têm uma camada mais espessa de músculo liso e mais tecido elástico.

Examinar o diapositivo.

J Fazer um desenho destas estruturas na secção de resultados.

Existem duas classes principais de células no sangue. A maioria das células sanguíneas são os eritrócitos ou glóbulos vermelhos, que contêm hemoglobina para transportar oxigénio para os tecidos do corpo. O outro tipo de células sanguíneas é designado por leucócitos ou glóbulos brancos, que desempenham um papel essencial no sistema imunitário.

-Observar uma lâmina de sangue humano corado.

J Em seguida, observe uma lâmina do sangue de uma rã.

J Muitas doenças provocam alterações no aspeto ou na composição do sangue. Observe o sangue de um indivíduo que sofre de anemia falciforme.

J Em que é que o sangue é diferente do sangue humano "normal"?

-*S* Faça desenhos de um glóbulo vermelho, de dois tipos de glóbulos brancos e de uma célula falciforme na secção de resultados.

Part E. Sistema Nervoso - (Neurónios motores, terminações nervosas)

- Obter uma lâmina identificada como neurónio motor ou célula do nervo espinal. O tecido das células nervosas (que se encontra no cérebro, na medula espinal e nos nervos periféricos) é composto por células chamadas neurónios.
- O neurónio tem três (3) partes. Localize o corpo celular, que contém o núcleo, os dendritos ramificados, que recebem os estímulos ou impulsos de outro neurónio, e os axónios, que transmitem o impulso para longe do corpo celular.

Faça um desenho dos neurónios e identifique-o adequadamente na secção de resultados.

Part F. Sistema digestivo - Intestino delgado com vilosidades

1. Obter uma lâmina do intestino delgado e examinar a sua estrutura ao microscópio. Identificar as vilosidades, as células caliciformes, a mucosa, a submucosa e a muscularis.
2. Faça um desenho pormenorizado deste diapositivo na secção de resultados.
3. Como é que a anatomia das vilosidades ajuda a capacidade do intestino delgado para absorver nutrientes?

Part G. Sistema respiratório - Pulmão

O sistema respiratório é constituído por um sistema condutor de vias respiratórias, a área respiratória dos pulmões onde ocorre a troca de gases, e um sistema de ventilação que insufla e desinsufla os pulmões, fazendo o ar entrar e sair das vias respiratórias e dos pulmões. As paredes das vias respiratórias (nariz, boca, faringe, laringe e traqueia, brônquios e bronquíolos) formam passagens através das quais o ar entra nos pulmões. A superfície interna das vias respiratórias é revestida por uma membrana mucosa constituída por células epiteliais ciliadas, células mucosas, glândulas e vasos sanguíneos. A zona respiratória é constituída pelos bronquíolos respiratórios e pelos alvéolos. O sistema de ventilação é constituído pelos músculos respiratórios, que incluem os músculos do tórax e do diafragma.

- Obter uma lâmina do pulmão
- Faça um desenho pormenorizado identificando os alvéolos, brônquios e bronquíolos na secção de resultados.

Part H. Sistema Excretor - Rim

A função do sistema excretor é filtrar o sangue, conservar a água e excretar os resíduos azotados do organismo, sob uma forma concentrada e não tóxica.

- Obter uma lâmina do rim.
- Fazer um desenho pormenorizado na secção de resultados.

27. técnicas de coloração de Gram

Objectivos

Distinguir entre as duas principais categorias de bactérias: Gram positivas e Gram negativas

Compreender como a reação de coloração de Gram afecta as bactérias Gram positivas e Gram negativas com base nas diferenças bioquímicas e estruturais das suas paredes celulares.

|^1нцнмняим1!>1*яи

Princípio:

A coloração é uma técnica auxiliar utilizada em técnicas microscópicas para aumentar a nitidez da imagem microscópica. As colorações e os corantes são amplamente utilizados no domínio científico para realçar a estrutura dos espécimes biológicos, células, tecidos, etc.

O procedimento de coloração mais utilizado em microbiologia é a coloração de Gram, descoberta pelo cientista e médico dinamarquês **Hans Christian Joachim Gram** em 1884. A coloração de Gram é uma técnica de coloração diferencial que diferencia as bactérias em dois grupos: gram-positivas e gram-negativas. O procedimento baseia-se na capacidade dos microrganismos para reterem a cor dos corantes utilizados durante a reação de coloração de Gram. As bactérias gram-negativas são descolorizadas pelo álcool, perdendo a cor da coloração primária, púrpura. As bactérias Gram-positivas não são descoloridas pelo álcool e permanecem com a cor púrpura. Após o passo de descoloração, é utilizada uma contra-coloração para conferir uma cor rosa aos organismos gram-negativos descolorados.

O procedimento de coloração de Gram permite que as bactérias retenham a cor das manchas, com base nas diferenças nas propriedades químicas e físicas da parede celular.

1. **Bactérias Gram positivas**: Apresentam coloração púrpura escura devido à retenção do corante primário chamado Cristal Violeta na parede celular. Exemplo: *Staphylococcus aureus*

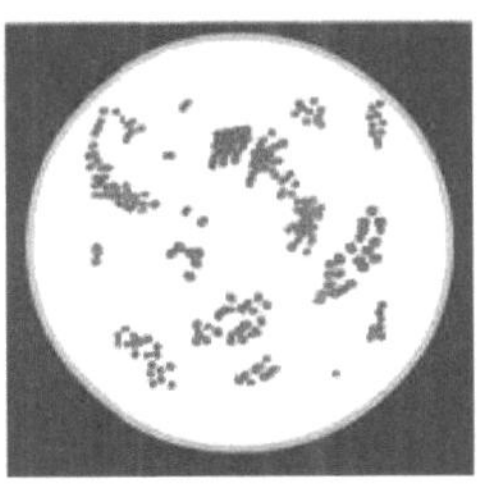

Figura 17. Bactérias Gram positivas

2. **Bactérias Gram negativas**: Mancham de vermelho ou cor-de-rosa devido à

retenção do contra
corante de coloração chamado Safranina.
Exemplo: *Escherichia coli*

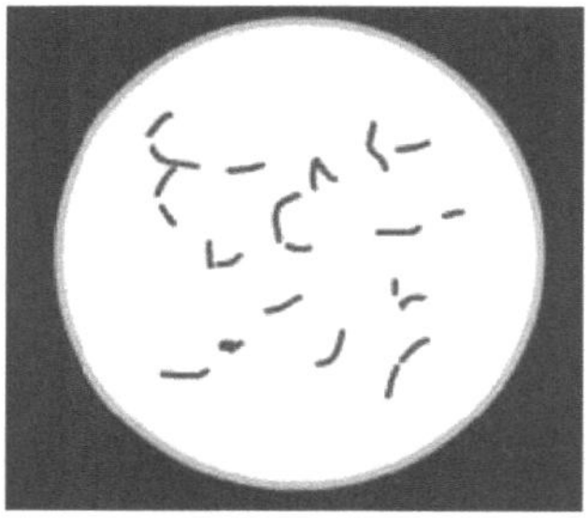

Figura 18. Bactérias Gram negativas

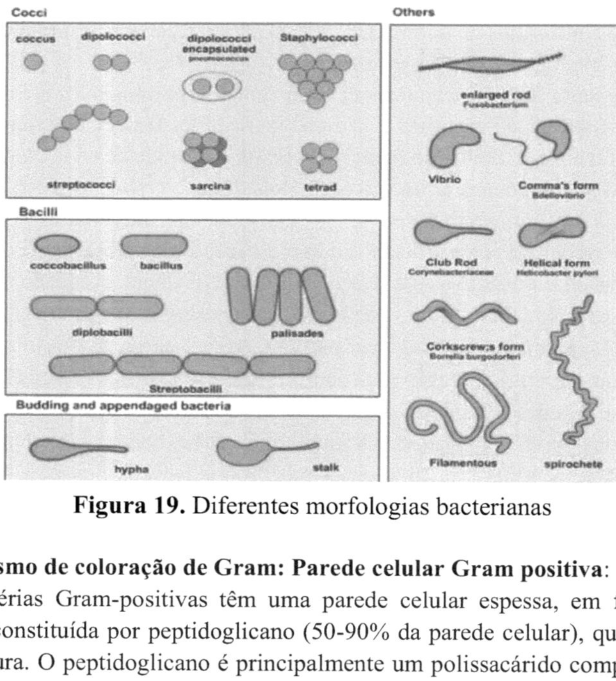

Figura 19. Diferentes morfologias bacterianas

Mecanismo de coloração de Gram: Parede celular Gram positiva:
As bactérias Gram-positivas têm uma parede celular espessa, em forma de malha, constituída por peptidoglicano (50-90% da parede celular), que se cora de púrpura. O peptidoglicano é principalmente um polissacárido composto por duas subunidades denominadas N-acetilglucosamina e N-acetilácido murâmico. À medida que se formam camadas adjacentes de peptidoglicano, estas são ligadas entre si por cadeias curtas de péptidos através de uma enzima transpeptidase, o que resulta na forma e rigidez da parede celular. A espessa camada de peptidoglicano dos organismos Gram-positivos permite-lhes reter o complexo cristal violeta-iodo e corar as células de púrpura. O ácido lipoteicóico (LTA) é outro constituinte importante da parede celular das bactérias Gram-positivas que se encontra incorporado na camada de

peptidoglicano. É constituído por ácidos teicóicos que são longas cadeias de fosfato de ribitol ancoradas à bicamada lipídica através de um glicérido. Actua como regulador das enzimas autolíticas da parede (muramidases: Enzimas bacterianas localizadas na parede celular que causam a desintegração da célula após lesão ou morte).

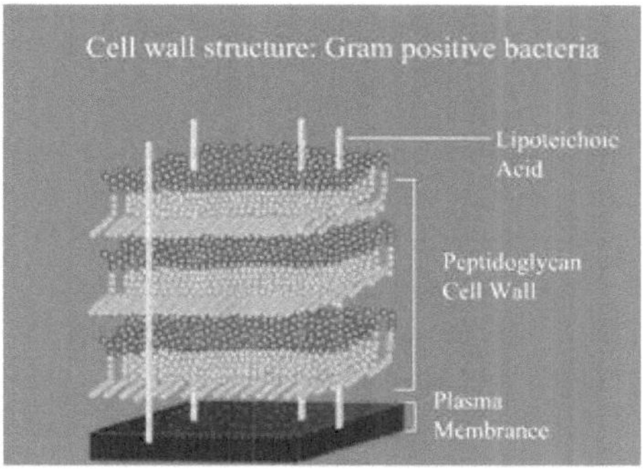

Figura 20: Parede de células Gram positivas

A LTA também tem propriedades antigénicas que estimulam respostas imunitárias específicas quando é libertada da parede celular após a morte celular. A morte celular é principalmente devida à lise induzida por actividades lisozimáticas, péptidos catiónicos de leucócitos ou antibióticos beta-lactâmicos.

Parede celular Gram-negativa:

As bactérias Gram-negativas têm uma camada mais fina de peptidoglicano (10% da parede celular) e perdem o complexo cristal violeta-iodo durante a descoloração com o enxaguamento com álcool, mas retêm a contra-coloração Safranina, aparecendo assim avermelhadas ou cor-de-rosa. Possuem também uma membrana externa adicional que contém lípidos e que está separada da parede celular através do espaço periplasmático.

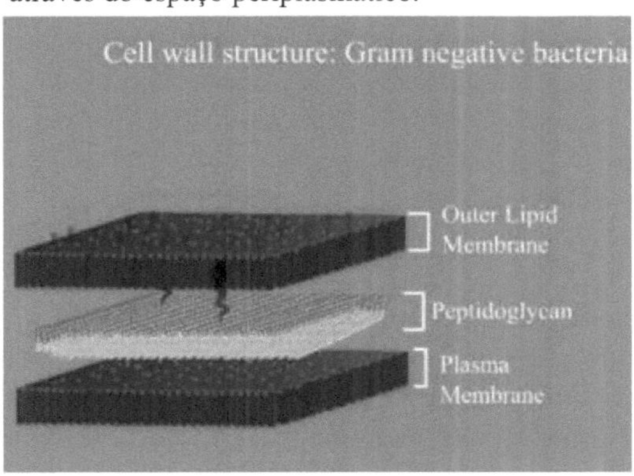

Figura 21: Parede de células Gram negativas

Reação de coloração:

As quatro etapas básicas da coloração de Gram são:

1) Aplicação da coloração primária Cristal Violeta (CV) a um esfregaço de cultura bacteriana fixado a quente.

O CV dissocia-se em soluções aquosas em iões CV+ e Cl -. Estes dois iões penetram então através da parede celular e da membrana celular das células Gram-positivas e Gram-negativas. Os iões CV+ interagem posteriormente com componentes bacterianos de carga negativa e coram as células bacterianas de púrpura.

2) Adição de iodo de Gram.

O iodo (I - ou I3 -) actua como **mordente** e como agente de aprisionamento. Um mordente é uma substância que aumenta a afinidade da parede celular por um corante, ligando-se ao corante primário, formando assim um complexo insolúvel que fica preso na parede celular. Na reação de coloração de Gram, o violeta cristal e o iodo formam um complexo insolúvel (CV-I) que serve para tornar o esfregaço numa cor púrpura escura. Nesta fase, todas as células ficam roxas.

3) Descoloração com álcool etílico a 95%.

O álcool ou a acetona dissolvem a membrana externa lipídica das bactérias Gram negativas, deixando assim exposta a camada de peptidoglicano e aumentando a porosidade da parede celular. O complexo CV-I é então removido da fina camada de peptidoglicano, deixando as bactérias Gram negativas incolores.

Por outro lado, o álcool tem um efeito desidratante nas paredes celulares das bactérias Gram positivas, o que provoca a contração dos poros da parede celular. O complexo CV-I liga-se firmemente à parede celular das bactérias Gram-positivas, que se encontram em várias camadas e são altamente reticuladas, o que provoca a coloração púrpura das células.

O passo de descoloração deve ser efectuado com cuidado, caso contrário pode ocorrer uma descoloração excessiva. Esta etapa é crítica e deve ser corretamente programada, caso contrário a coloração com violeta de cristal será removida das células Gram-positivas. Se o agente descolorante for aplicado na célula durante demasiado tempo, os organismos Gram-positivos parecerão Gram-negativos. A subdescoloração ocorre quando o álcool não é deixado atuar durante tempo suficiente para eliminar o complexo CV-I das células Gram-negativas, o que faz com que as bactérias Gram-negativas pareçam Gram-positivas

4) Contra-mancha com Safranin

As células Gram negativas descolorizadas podem tornar-se visíveis com uma contracoloração adequada, que é geralmente a safranina com carga positiva, que as cora de rosa. A cor rosa que adere às bactérias Gram positivas é mascarada pelo púrpura do violeta cristalino (em raras situações, é por vezes utilizada a **fuschina básica** em vez da safranina).

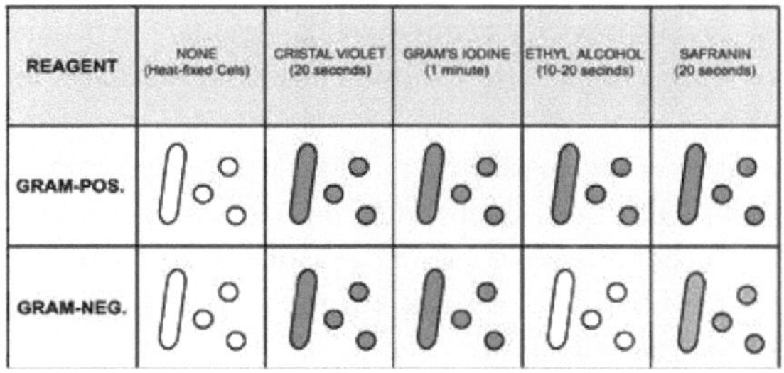

Figura 22. **Alterações de cor que ocorrem em cada etapa do processo de coloração Materiais necessários:**

4- **Lâminas de vidro limpas**

4- Anel de inoculação

4- Bico de Bunsen

4- Papel biblíco

4- Microscópio

4- Papel para lentes e limpador de lentes

4- Óleo de imersão

4- Água destilada

4- Culturas de 18 a 24 horas de organismos

Reagentes:

4- Coloração primária violeta cristal

4- Mordente Gramas de iodo

■J- Decolurizador - Álcool etílico

4- Coloração secundária - Safranina

Procedimento:

Part 1: Preparação da lâmina de vidro para microscópio

As lâminas sem gordura ou óleo são essenciais para a preparação de esfregaços microbianos. A gordura ou óleo dos dedos nas lâminas é removida lavando as lâminas com água e sabão. Limpar as lâminas com álcool. Após a limpeza, secar as lâminas e colocá-las em toalhas de laboratório até estarem prontas a utilizar.

Part 2: Rotulagem das lâminas

Pode ser útil desenhar um círculo na parte inferior da lâmina, utilizando uma caneta de marcação de vidraria, para designar claramente a área em que se vai preparar o esfregaço. Também se pode etiquetar a lâmina com as iniciais do nome do organismo no bordo da lâmina. Deve ter-se o cuidado de evitar que o rótulo entre em contacto com os reagentes de coloração.

Part 3: Preparação do esfregaço

Suspensões bacterianas em caldo: Com uma ansa esterilizada e arrefecida, colocar uma ansa da cultura em caldo na lâmina. Espalhar por meio de movimentos circulares da ansa de inoculação até cerca de um centímetro de diâmetro. Um espalhamento excessivo pode resultar na rutura do arranjo celular. Um esfregaço satisfatório permitirá examinar o arranjo celular típico e as células isoladas.

Culturas bacterianas em placas: Com uma ansa esterilizada e arrefecida, colocar uma gota de água esterilizada ou de solução salina na lâmina. Esterilizar e arrefecer novamente a ansa e recolher uma amostra muito pequena de uma colónia bacteriana e agitar suavemente na gota de água/solução salina na lâmina para criar uma emulsão.

Amostras de esfregaço: Rolar a zaragatoa sobre a superfície limpa de uma lâmina de vidro.

Nota: É muito importante evitar a preparação de esfregaços espessos e densos que contenham um excesso da amostra bacteriana. Um esfregaço muito espesso diminui a quantidade de luz que pode passar, dificultando assim a visualização da morfologia das células individuais. Normalmente, os esfregaços requerem apenas uma pequena quantidade de cultura bacteriana. Um esfregaço eficaz apresenta-se como uma fina camada ou película esbranquiçada após a fixação pelo calor.

Part 4: Fixação de calor

A fixação pelo calor mata as bactérias do esfregaço, adere firmemente o esfregaço à lâmina e permite que a amostra absorva mais facilmente as manchas.

Deixar o esfregaço secar ao ar.

Depois de o esfregaço ter secado ao ar, segurar a lâmina numa extremidade e passar toda a lâmina pela chama de um bico de Bunsen duas a três vezes com o lado do esfregaço para cima. Agora o esfregaço está pronto para ser corado.

Nota: Tenha cuidado para evitar o sobreaquecimento da lâmina, uma vez que as proteínas na amostra podem coagular, fazendo com que a morfologia celular apareça distorcida.

Part 5: Procedimento de coloração de Gram

Colocar a lâmina com o esfregaço fixado termicamente no tabuleiro de coloração

1) Inundar suavemente o esfregaço com violeta cristal e deixar repousar durante 1 minuto.

2) Inclinar ligeiramente a lâmina e enxaguar suavemente com água da torneira ou água destilada utilizando um frasco de lavagem

3) Inundar suavemente o esfregaço com iodo de Gram e deixar repousar durante 1 minuto.

4) Inclinar ligeiramente a lâmina e enxaguar suavemente com água da torneira ou água destilada, utilizando um frasco de lavagem. O esfregaço aparecerá como um círculo púrpura na lâmina.

5) Descolorir utilizando álcool etílico a 95% ou acetona. Inclinar ligeiramente a lâmina e aplicar o álcool, gota a gota, durante 5 a 10 segundos, até o álcool

ficar quase transparente. Ter cuidado para não descolorir demasiado.

6) Lavar imediatamente com água.

7) Inundar suavemente com safranina para contra-manchar e deixar repousar durante 45 segundos

8) Inclinar ligeiramente a lâmina e enxaguar suavemente com água da torneira ou água destilada utilizando um frasco de lavagem

9) Secar a lâmina com papel absorvente.

10) Observar o esfregaço com um microscópio de luz sob imersão em óleo.

16. isolamento e identificação de bactérias desconhecidas

Objetivo:

Identificar as bactérias desconhecidas numa cultura mista através de métodos morfológicos e bioquímicos.

Princípio:

A identificação de bactérias é um processo cuidadoso e sistemático que utiliza muitas técnicas diferentes para restringir os tipos de bactérias que estão presentes numa cultura bacteriana desconhecida. Produz benefícios para muitos aspectos da investigação de microrganismos e ajuda os médicos a tratar corretamente os doentes. Foram realizados vários testes para determinar as capacidades de fermentação, a presença de determinadas enzimas e certas reacções bioquímicas. Foram efectuadas observações qualitativas sobre os testes, que foram comparadas com a chave de identificação de bactérias desconhecidas para ajudar no processo de identificação.

Reacções de coloração:

A coloração é uma técnica básica simples que é utilizada para identificar microrganismos. A coloração simples é utilizada para estudar a morfologia de todos os microrganismos. A coloração simples utiliza corantes básicos como o azul de metileno ou a fuschina básica. A forte carga negativa da célula bacteriana liga-se fortemente aos corantes básicos com carga positiva e confere a sua cor a todas as bactérias.

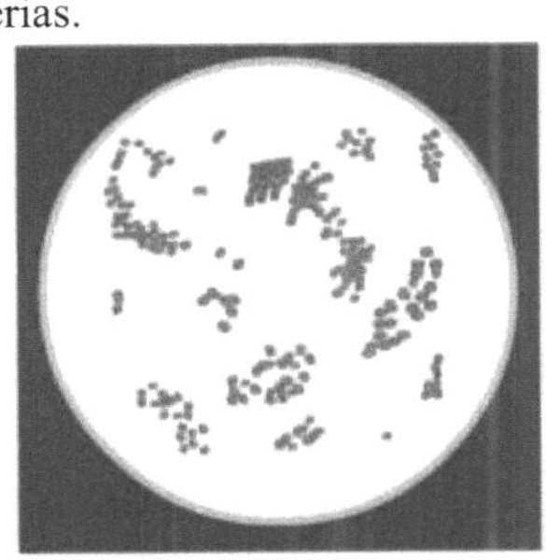

Figura 23. Coloração simples de cocos

A coloração de Gram é uma técnica de coloração diferencial que confere cores diferentes a diferentes bactérias ou estruturas bacterianas. Normalmente, diferencia as bactérias em dois grupos: gram positivas e gram negativas. O corante primário violeta de cristal e o mordente iodo formam um forte complexo CVI em todas as bactérias. As células gram-positivas, devido à sua espessa camada de peptidoglicano, retêm o complexo IVC mesmo depois de serem sujeitas a descoloração com acetona ou álcool. Por conseguinte, o corante Safranin não tem qualquer ação sobre as células Gram positivas. No entanto, no caso das células gram-negativas, a fina camada de peptidoglicano e o maior teor de lípidos na parede celular tornam-nas facilmente susceptíveis à ação dos descolorantes, pelo que o complexo CVI é facilmente lavado e as células gram-negativas adquirem a cor do corante Safranin. Assim, após a coloração com gram, as células gram positivas aparecem como púrpura e as células gram negativas como rosa. O estudo das características morfológicas e das características de coloração ajuda na identificação preliminar do isolado.

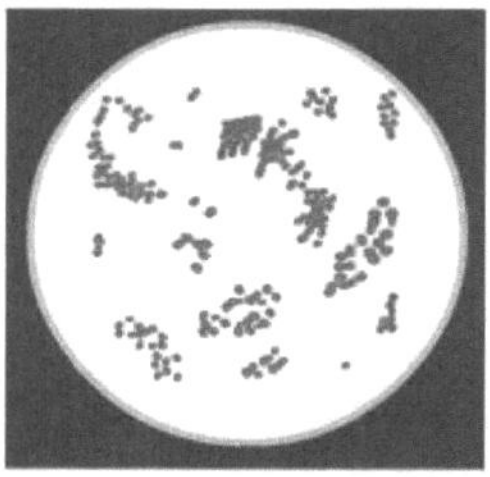

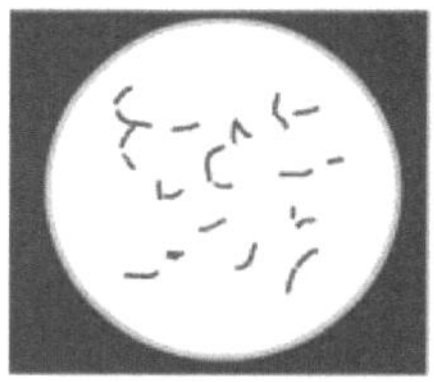

Figura 24. Bactérias Gram positivas Figura 25. Gram negativas bactérias

Reacções bioquímicas:

Os bacilos entéricos Gram-negativos desempenham um papel importante na contaminação dos alimentos. Por conseguinte, são os principais agentes causadores de infecções intestinais. A família Gram-negativa inclui Shigella, Salmonella, Proteus, Klebsiella, Escherichia, Enterobacter, etc. Normalmente, são utilizados quatro testes para a diferenciação dos vários membros de Enterobactericeae. São eles o teste do indole, o teste do vermelho de metilo, o teste de Voges proskauer e o teste do citrato; coletivamente conhecidos como série de reacções IMViC.

Isolamento de células individuais a partir de culturas mistas:

Materiais necessários:

z Cultura mista de organismos

z Anel de inoculação

z Placa de ágar nutriente

z Bico de Bunsen

z Incubadora

Procedimento

1. Esterilizar a ansa verticalmente na chama azul do bico de Bunsen até ficar vermelha
2. Pegar no tubo de ensaio que contém o caldo nutritivo com a cultura mista

do organismo que foi mantida durante 24 a 48 horas.

3. Utilizando uma técnica asséptica, colher um punhado de organismos do caldo.
4. Estratificar a cultura no quadrante da superfície de ágar nutriente.
5. Incubar as placas a 37 graus Celsius durante 24 horas.
6. Após a incubação, as colónias isoladas são semeadas assepticamente numa placa de ágar nutriente para estudos posteriores

Teste do indole:

1. Materiais necessários:-
2. Cultura: cultura bacteriana de 24-48 horas.
3. Meios: Água de peptona

Procedimento:

1. Esterilizar a ansa verticalmente na chama azul do bico de Bunsen até ficar vermelha.
2. Pegar no tubo de ensaio que contém a cultura de caldo nutriente do organismo que foi mantida durante 24 a 48 horas.
3. Retirar a tampa da placa de ágar nutriente.
4. Utilizando uma técnica asséptica, retirar o organismo da placa de ágar nutriente.
5. Pegue no tubo de ensaio com a etiqueta indole.
6. Inocular o caldo com a ansa de inoculação contendo o inóculo da placa de ágar nutriente.
7. Incubar o tubo durante 24 a 48 horas a 37°C.
8. Após incubação, adicionar 5 gotas de reagente de Kovac .
9. Agitar suavemente durante alguns minutos.
10. A formação de um anel vermelho no espaço de 15 a 20 minutos é um resultado positivo. A ausência de formação de anel vermelho após 15 a 20 minutos é um resultado negativo.

Teste do vermelho de metilo:

Procedimento:

1. Esterilizar a ansa verticalmente na chama azul do bico de Bunsen até ficar bem quente. A partir do suporte,
2. Pegar no tubo de ensaio que contém a cultura de caldo nutriente do organismo que foi mantida durante 24 a 48 horas.
3. Retirar a tampa da placa de ágar nutriente.
4. Utilizando uma técnica asséptica, retirar o organismo da placa de ágar nutriente.
5. Pegar no tubo de ensaio com a designação MR
6. Inocular o caldo com a ansa de inoculação que contém o inóculo da placa de ágar nutriente
7. Incubar o tubo durante 24 a 48 horas a 37°C.
8. Após incubação, adicionar 5 gotas de reagente vermelho de metilo.

9. Agitar suavemente durante alguns minutos.

10. A formação de cor vermelha dentro de 15 a 20 minutos é um resultado positivo. A ausência de formação de cor vermelha após 15 a 20 minutos é um resultado negativo.

Teste do citrato:

Meio: Meio de citrato

Procedimento:

1) Esterilizar a ansa na chama azul do bico de Bunsen até ficar vermelha e depois deixar arrefecer.
2) Retirar, de forma asséptica, uma colónia isolada do organismo do tubo de ágar nutriente com a ansa arrefecida.
3) Queimar novamente o gargalo do tubo e recolocar o tubo no suporte para tubos de ensaio.
4) Pegar num tubo inclinado de citrato esterilizado, retirar a tampa e esvaziar o gargalo do tubo.
5) Inocular toda a superfície da lâmina de citrato (declive) com o crescimento fornecido pela cultura em lâmina de ágar nutriente, utilizando a ansa de inoculação (não esfaquear o rabo). A lâmina do meio é inoculada por estrias na superfície do ágar em forma de ziguezague.
6) Voltar a inflamar o gargalo do tubo de citrato e colocá-lo no suporte para tubos de ensaio
7) Apertar a tampa e incubar a 37°C durante 24-48 horas
8) Retirar os tubos da incubadora e observar a mudança de cor.
9) A formação de cor azul indica um teste positivo e a cor verde indica um teste negativo.

Hidrólise da gelatina

Procedimento

1. Esterilizar a agulha na chama azul do bico de Bunsen até ficar vermelha e depois deixar arrefecer.
2. O Stab inocula um tubo de gelatina nutritiva com o organismo.
3. Incubar a 37° C. A razão é que a gelatina derrete a 28° C.
4. Após a incubação, colocar cuidadosamente os dois tubos no frigorífico durante 15 minutos.
5. Após 15 minutos, se a gelatina permanecer LÍQUIDA, o resultado é POSITIVO
6. Se a gelatina for SÓLIDA, o resultado é negativo.

Teste de redução de nitratos.

Procedimento:

1)Esterilizar a ansa verticalmente na chama azul do bico de Bunsen até ficar vermelha.

2)Pegar no tubo de ensaio que contém a cultura de caldo nutriente do organismo que foi mantida durante 24 - 48 horas.

3) Abrir a tampa da placa de ágar nutriente

4) Utilizando uma técnica asséptica, retirar os organismos da placa de ágar nutriente.

5)Pegar no tubo de ensaio com o nome de caldo nitrato

6) Inocular o caldo com a ansa de inoculação que contém o inóculo da placa de ágar nutriente.

7)Incubar o tubo durante 24 a 48 horas a 37°C.

8) Após a incubação, adicionar 5 gotas do reagente A e 5 gotas do reagente B.

9) Uma cor vermelha ou cor-de-rosa, após a adição de reagentes, indica que se deve desenvolver a redução de nitratos. A não formação de cor vermelha após 15 a 20 minutos é um resultado negativo.

Teste da oxidase:

1) Raspar algum crescimento fresco da placa de cultura com uma ansa ou bastão descartável e esfregar no disco de oxidase

2) Verificar se existe cor azul nos 10 segundos seguintes, o que indica um teste positivo.

3) Resultado negativo: ausência de cor azul

Inoculação da cultura em diferentes placas de ágar.

Materiais necessários:

z Bico de Bunsen

z Anel de inoculação

z Cultura bacteriana em ágar nutriente

Hidrólise do amido

Procedimento

1. Utilizando uma técnica asséptica, retirar o organismo da placa de ágar nutriente.
2. A cultura é semeada na superfície do ágar.
3. As placas são incubadas a 37 graus Celsius durante 24 horas.
4. Após a incubação, adicionam-se algumas gotas de iodo ao meio.
5. A ausência de cor azul no meio indica a hidrólise do amido pelo organismo. A presença de cor azul é um teste negativo.

Hidrólise lipídica

Procedimento

1. Utilizando uma técnica asséptica, retirar o organismo da placa de ágar nutriente.
2. A cultura é semeada na superfície do ágar.
3. As placas são incubadas a 37 graus Celsius durante 24 horas.
4. Após a incubação, a presença de zonas opacas à volta das colónias indica a hidrólise do lípido. A ausência de zonas opacas é um teste negativo para a hidrólise de lípidos.

Crescimento em meios selectivos e diferenciados

Materiais necessários

1. Ágar-sal de manitol
2. Ágar de MacConkey
3. Ágar Eosina Azul de Metileno
4. Ágar sangue

Procedimento

1. Utilizando uma técnica asséptica, retirar o organismo da placa de ágar nutriente.
2. A cultura é semeada na superfície do ágar.
3. As placas são incubadas a 37 graus Celsius durante 24 horas
4. Observar o resultado.

28. Coloração diferencial

Objetivo:

Estudar e adquirir conhecimentos sobre técnicas de coloração diferencial e citológica.

Teoria:

A coloração diferencial é uma técnica que ajuda a caraterizar os microrganismos em função da diferença na natureza física e química do microrganismo. As técnicas de coloração diferencial e citológica abordadas neste capítulo ajudam a distinguir entre células ácido-rápidas e não ácido-rápidas e a visualizar os constituintes intracelulares das células microbianas, incluindo endosporos, cápsulas, grânulos metacromáticos e flagelos. Nesta técnica, as colorações diferenciais aplicadas no esfregaço bacteriano revelam os diferentes tipos de células num ponto, revelam uma parte da célula com uma cor e outras partes com uma cor diferente.

Coloração diferencial

A técnica de coloração de Gram é uma técnica de coloração diferencial, que separa as bactérias em dois grupos (abordados em capítulos anteriores), bactérias Gram-positivas e bactérias Gram-negativas. Outra técnica de coloração diferencial é a técnica ácido-rápida que diferencia as espécies de Mycobacterium das outras bactérias. As espécies de Mycobacterium, devido à sua parede celular especial, resistem ao efeito do descolorante ácido-álcool e retêm a cor da coloração primária de carbolfucsina e mancham as células ácido-rápidas com uma cor vermelha brilhante. As outras bactérias perdem a coloração e adquirem a cor subsequente da contracoloração azul de metileno e coram a célula de azul. A coloração de endosporos é uma técnica de coloração especial, para observar esporos bacterianos, em que os esporos tomam a cor da coloração primária verde malaquite, enquanto a contra-coloração, safranina, dá cor às bactérias não formadoras de esporos. As colorações específicas, como a nigrosina, a tinta da China, etc., ajudam a visualizar as manchas bacterianas que não podem ser coradas pelos métodos de coloração habituais. Os grânulos metacromáticos, a caraterística da bactéria Corny da difteria, podem ser diferenciados das células bacterianas com a ajuda das técnicas de coloração de Albert. Os flagelos são estruturas finas e delicadas para a motilidade bacteriana. As estruturas finas dos flagelos bacterianos tornam difícil a sua observação ao microscópio de campo claro. Para a coloração dos flagelos bacterianos são necessários corantes especiais e mordentes, como o corante de Leifson.

Mancha de endosporos:

Método de Schaeffer-Fulton

A coloração de endosporos é utilizada para visualizar estruturas celulares especializadas. A coloração de endosporos é usada para determinar os esporos altamente resistentes de certos microrganismos dentro das suas células vegetativas. As múltiplas camadas espessas do esporo tornam o endosporo resistente à coloração com a maioria dos corantes. No método de Schaeffer-Fulton, o corante primário, verde de malaquite, é adicionado ao esfregaço bacteriano fixado pelo calor e aquecido num banho de vapor durante alguns minutos. Isto amolece as coberturas exteriores duras dos esporos e o corante primário adere aos esporos. Quando retirado do banho de vapor e seguido de arrefecimento, a camada exterior do esporo endurece. Durante esta fase, tanto o esporo como as células vegetativas aparecem com uma cor verde. Mais tarde, porém, a camada exterior espessa torna o esporo resistente à ação do agente descolorante (água), mas, no entanto, a água pode facilmente descolorir as células vegetativas. Quando contra-coradas com Safranina, as células vegetativas são facilmente coradas com Safranina, e as células aparecem em vermelho ou cor-de-rosa.

Mancha rápida ácida:

Método de Ziehl Neelsen

O método Ziehl Neelsen é utilizado para a coloração de Mycobacterium em amostras clínicas. O revestimento ceroso exterior espesso (ácido micólico) das paredes celulares das Mycobacterium actua como uma barreira e não permite que todos os corantes entrem na célula. Para visualizar estas células, são necessárias concentrações mais elevadas da solução de coloração e, uma vez que o corante entra na célula, é demasiado difícil removê-lo com um descolorante. Quando a amostra clínica é corada com corantes básicos, como a carbolfucsina (corante primário), com a aplicação contínua de calor, amolece o revestimento exterior lipídico ceroso da parede celular e o corante entra facilmente na célula e cora o citoplasma celular. Quando se adicionam agentes descolorantes, como o álcool-ácido, à coloração primária, algumas células bacterianas não podem ser facilmente descoloradas e essas células bacterianas são designadas por bactérias ácido-rápidas. As bactérias com elevada concentração de lípidos são facilmente descoloradas pelo agente descolorante e diz-se que são bactérias não ácido-rápidas. Finalmente, a adição de um corante, o azul de metileno, tinge de azul as células incolores não ácido-rápidas, diferenciando-as assim das bactérias ácido-rápidas cor-de-rosa que não são afectadas pelo azul de metileno.

Mancha da cápsula:

Coloração positiva da cápsula

Uma vez que a cápsula é solúvel em água na natureza, é demasiado difícil corá-la com os métodos de coloração normais. O método de coloração positiva da cápsula (método Anthony) utiliza dois reagentes para corar o material capsular. O corante primário violeta de cristal é aplicado sobre um esfregaço bacteriano não fixado pelo calor, de modo a que tanto as células bacterianas como o material capsular adquiram a cor do corante primário. A natureza iónica da célula bacteriana liga-se mais fortemente ao corante violeta de cristal, enquanto a natureza não iónica da cápsula adere ao corante violeta de cristal. Quando o agente descolorante sulfato de cobre é adicionado ao esfregaço bacteriano, a coloração de violeta de cristal pouco aderente é lavada do material capsular sem remover o violeta de cristal fortemente ligado à parede celular. O material capsular absorve a cor azul clara do sulfato de cobre em contraste com a cor púrpura da célula bacteriana.

Coloração negativa da cápsula

Outro método simples para visualizar as cápsulas bacterianas é a utilização da técnica de coloração negativa. Durante a coloração do esfregaço bacteriano não fixado termicamente com os corantes ácidos, como a Nigrosina, não penetram nas células bacterianas (uma vez que tanto o corante ácido como a superfície bacteriana têm carga negativa). Em vez disso, o corante ácido deposita-se à volta das células bacterianas, criando um fundo escuro e fazendo com que as bactérias apareçam sem coloração, com uma área clara à sua volta, uma cápsula. **Nota**: Se o esfregaço bacteriano for fixado a quente para a coloração da cápsula, as células encolherão, criando uma zona escura à volta da célula bacteriana, que será confundida com a cápsula.

Coloração de flagelos

As bactérias são móveis por meio de flagelos. Os flagelos são demasiado finos para serem vistos em colorações normais, pelo que são necessárias colorações e técnicas especiais para visualizar os flagelos com uma espessura visível. As colorações especializadas encontram-se normalmente nos laboratórios de microbiologia para detetar a presença ou ausência de flagelos e indicar a natureza dessa bactéria (móvel/não móvel).

Materiais necessários:

Coloração de endosporos

Método de Schaeffer-Fulton

z Lâmina de vidro limpa na caixa

z Anel de inoculação

κ Organismo de teste

z Papel absorvente
z Água a ferver no suporte do tripé
z Água no frasco de lavagem
it Papel bibelô
z Pinças
z Microscópio
z Mancha primária - Verde malaquite
κ Contracoloração - Safranin

Passos de coloração:

1. Transferir assepticamente a bactéria com uma ansa de inoculação para uma lâmina de vidro limpa e preparar um esfregaço fino da bactéria.
2. Secar ao ar e fixar por calor o esfregaço bacteriano.
3. Cobrir o esfregaço bacteriano com um pedaço de papel absorvente cortado à medida do esfregaço e da lâmina.
4. Colocar a lâmina sobre um recipiente com água a ferver.
5. Saturar o papel absorvente com a solução de corante verde malaquite e vaporizar durante 5 minutos. Manter o papel húmido, adicionando mais corante conforme necessário.
6. Retirar o papel absorvente com uma pinça, deixar a lâmina arrefecer e enxaguar a lâmina com água durante 30 segundos.
7. Lavar a lâmina com água.
8. Corar com safranina durante 30 segundos.
9. Lavar a lâmina com água e secar a lâmina com um pano.
10. Examinar a lâmina sob uma lente de imersão em óleo para detetar a presença de endosporos.

Coloração rápida com ácido

Método de Ziehl Neelsen

/ Lâmina de vidro limpa na caixa
/ Anel de inoculação
/ Organismo de teste
/ Papel absorvente
/ Copo com água no suporte do tripé
/ Pinças
/ Papel de biblio
/ Microscópio
/ Mancha primária - Carbol fuschin
/ Descolorizante - ácido sulfúrico a 25%
/ Contracoloração - Azul de metileno

Passos de coloração:

1. Transferir assepticamente a bactéria com uma ansa de inoculação para uma lâmina de vidro limpa e preparar um esfregaço fino da bactéria.
2. O calor fixa o esfregaço bacteriano.

3. Cobrir o esfregaço bacteriano com um pedaço de papel absorvente cortado à medida do esfregaço e da lâmina.
4. Colocar a lâmina sobre um recipiente com água a ferver.
5. Saturar o papel com vapor de carbol fuschin durante 5 minutos. Manter o papel húmido, adicionando mais corante conforme necessário.
6. Retirar o papel absorvente com uma pinça, lavar o excesso de corante com água e deixar a lâmina arrefecer durante algum tempo.
7. Descolorir a lâmina com ácido sulfúrico a 25 %.
8. Lavar a lâmina com água.
9. Corar as células com azul de metileno durante 45 segundos.
10. Lavar a lâmina com água e secar a lâmina com um pano.
11. Examinar a lâmina sob a lente de imersão em óleo para observar as células ácido-rápidas ou não ácido-rápidas

Coloração da cápsula

Coloração positiva da cápsula

/ Slides de vidro na caixa
/ Anel de inoculação
/ Organismo de teste
/ Violeta cristal
/ 20% de sulfato de cobre
/ Papel de biblio
/ Microscópio

Passos de coloração:

1. Adicionam-se 2 gotas de violeta cristal (coloração primária) a um dos lados da lâmina de vidro.
2. Mistura-se um punhado de cultura bacteriana com o corante Cristal Violeta.
3. Fazer um esfregaço fino da cultura utilizando uma segunda lâmina de vidro que faça um ângulo de 45 graus com a primeira lâmina.
4. Descolorir e contra-colorir o esfregaço bacteriano com sulfato de cobre a 20%.
5. O ar seca o esfregaço durante algum tempo.
6. Examinar a lâmina sob a lente de imersão em óleo para verificar a presença de cápsulas de bactérias.

Coloração negativa da cápsula

1. Lâminas de vidro na caixa
2. Anel de inoculação
3. Bico de Bunsen
4. Organismo de teste
5. Negrosina
6. Microscópio

Passos de coloração:

1) Adicionar uma gota de nigrosina na extremidade de uma lâmina limpa.
2) Adiciona-se uma colher de cultura bacteriana à gota de nigrosina e mistura-se bem.
3) Fazer um esfregaço fino da cultura utilizando uma segunda lâmina de vidro que faça um ângulo de 45 graus com a primeira lâmina.
4) O ar seca o esfregaço durante algum tempo.
5) Examinar a lâmina sob a lente de imersão em óleo para verificar a presença de cápsulas de bactérias.

Coloração de flagelos

Mancha de Flagelos de Liefsons

1. Lâminas de vidro limpas na caixa
2. Anel de inoculação
3. Organismo de teste
4. Mancha de Leifson
5. Água
6. Microscópio

Passos de coloração:

1) Fazer um contorno retangular na superfície da lâmina de vidro com um lápis de graxa.
2) Transferir assepticamente a bactéria com uma ansa de inoculação para uma lâmina de vidro limpa.
3) Deixar o esfregaço escorrer numa lâmina inclinada.
4) Inundar a lâmina com Liefson's Flagella Stain e deixar a coloração durante 10 a 15 minutos. Forma-se um precipitado fino de cor ferrugem em toda a lâmina.
5) O ar seca o escorrega.
6) Examinar a lâmina sob uma lente de imersão em óleo para observar o tipo de flagelos.

Passos de coloração:

1. Cortar uma pequena porção do ágar com o organismo a testar, utilizando um bisturi esterilizado.
2. Levantar o bloco de ágar com a ajuda de uma pinça.
3. Colocar o bloco de ágar numa lâmina de vidro esterilizada, com a cultura bacteriana virada para baixo. Manter a lâmina sem perturbações durante algum tempo.
4. Retirar o bloco de ágar e deitá-lo fora numa caixa perigosa.
5. Deixar a cultura bacteriana na lâmina de vidro secar ao ar durante algum tempo.
6. Inundar a cultura bacteriana com fucsina básica até se observar um precipitado dourado.
7. Lavar suavemente com água.
8. Examinar a lâmina sob uma lente de imersão em óleo para observar o tipo

de flagelos.

29.Placa de estrias

Objetivo:,

Para obter colónias microbianas isoladas a partir de um inóculo, criando áreas de diluição crescente numa placa de Petri de ágar.

Princípio:

O método da placa com estrias é um método de isolamento qualitativo rápido. As técnicas habitualmente utilizadas para o isolamento de colónias discretas requerem inicialmente que o número de organismos nos inóculos seja reduzido. Trata-se, essencialmente, de uma técnica de diluição que consiste em espalhar uma amostra de cultura sobre a superfície de uma placa de ágar. A diminuição resultante do tamanho da população assegura que, após a inoculação, as células individuais estarão suficientemente afastadas na superfície do meio de ágar para efetuar uma separação das diferentes espécies presentes. Apesar de se efectuarem muitos tipos de procedimentos, a técnica das quatro vias ou dos quadrantes é a mais utilizada.

Tipos de meios de comunicação:

O crescimento dos microrganismos requer nutrientes e condições ambientais. As preparações de nutrientes efectuadas em laboratório, utilizadas para o crescimento do organismo, são designadas por meios (singular: meio). São utilizadas três formas físicas: meios líquidos ou caldos; meios semi-sólidos; e meios sólidos. Os meios líquidos, como o caldo nutriente, o caldo de soja tríptico ou o caldo de infusão de cérebro e coração, podem ser utilizados para propagar um grande número de microrganismos em estudos de fermentação e para testes bioquímicos. Os meios semi-sólidos também podem ser utilizados em estudos de fermentação, na determinação da motilidade bacteriana e na promoção do crescimento anaeróbio. Os meios sólidos, como o ágar nutriente ou o ágar sangue, são utilizados para o crescimento superficial de microrganismos, a fim de observar o aspeto das colónias, (2) para o isolamento de culturas puras, (3) para o armazenamento de culturas em lotes e (4) para observar reacções bioquímicas específicas. Enquanto se encontram no estado liquefeito, os meios sólidos podem ser vertidos num tubo de ensaio ou numa placa de Petri (prato) e, se o ágar for vertido numa placa de Petri, a placa é designada por placa de ágar.

Esterilização de meios:

A esterilização dos meios a uma temperatura superior a 1210C durante 15 minutos num autoclave destrói quase todas as células vivas e esporos. Se forem utilizados frascos com tampa de rosca, a tampa deve ser desapertada antes do processo de esterilização. Os recipientes utilizados para a preparação do meio devem possuir tampas ventiladas e devem ser adequados para conter, pelo menos, mais 20% do que o volume garantido de meio, para permitir a expansão durante o processo de esterilização. É conveniente utilizar frascos com tampa de 1L para preparar grandes quantidades. Para facilitar o arrefecimento, o manuseamento e o vazamento, preparamo-los normalmente com 500 mL de meio. O ágar não se distribui uniformemente quando derretido. Para garantir uma distribuição uniforme para verter em placas ou tubos, é necessário colocar uma barra de agitação magnética no frasco ou garrafa e, em seguida, agitar suavemente o meio após a esterilização, enquanto o meio arrefece A agitação espalha o ágar uniformemente.

Verter a placa de ágar:

Verter imediatamente o ágar para uma placa de Petri esterilizada e seca, mantendo a tampa cuidadosamente acima do fundo da placa de Petri, a fim de evitar a contaminação. Voltar a colocar a tampa, deixar arrefecer e endurecer o ágar e armazenar as placas de Petri em posição invertida. Ao armazenar as placas de Petri, não as empilhar com mais de três alturas ou utilizar um suporte especial para placas de Petri. O ágar é então vertido nas placas utilizando uma técnica asséptica, de preferência numa câmara estéril (câmara de fluxo de ar laminar).

Materiais necessários:

/ Cultura mista de bactérias.

/ Placa de Petri estéril com meios bacterianos adequados (como ágar de soja tripticase, ágar nutriente).

/ Ansa de inoculação (geralmente de nicrómio, liga de níquel-crómio ou platina; pode também ser uma ansa de plástico descartável de utilização única, que seria eliminada entre sectores em vez de ser reesterilizada).

/ Bico de Bunsen.

/ Caneta de marcação.

Procedimento:

Todo o processo é efectuado de forma asséptica numa cabina de fluxo de ar laminar.

1. Rotular uma placa de Petri:
2. As placas de Petri são rotuladas no fundo e não na tampa. Escrever perto da borda do fundo da placa para preservar a área de observação da placa depois de incubada. Os rótulos incluem geralmente o nome do organismo, o tipo de ágar, a data e o nome ou as iniciais do operador da placa.
3. Utilizando cotonetes esterilizados, remover qualquer água visível no ágar da placa ou à volta do bordo interno da placa de Petri.
4. Observar a placa e dividi-la mentalmente em três sectores. A placa é então rodada no sentido dos ponteiros do relógio (se for destro) com o lado do ágar para cima. O segundo sector fica então no topo para ser estriado e depois a placa é novamente virada para que o terceiro sector possa ser estriado.

Esterilize a ansa de transferência antes de obter um espécime:

Para estriar uma amostra a partir de um tubo de cultura, as anilhas de transferência metálicas são primeiro esterilizadas, fazendo flamejar a anilha de arame mantida na área azul-clara de um bico de Bunsen, imediatamente acima da ponta da chama interna da chama, até ficar incandescente. Se estiver disponível um incinerador a quente, a ansa pode ser esterilizada mantendo-a dentro do incinerador durante 5 a 7 segundos. Uma vez esterilizada, a ansa é deixada arrefecer, mantendo-a imóvel. Não o agite para o arrefecer nem sopre sobre ele. Quando se manipulam bactérias, as ansa de transferência são normalmente seguradas como um lápis. Se forem utilizados anéis de plástico descartáveis, estes são retirados da embalagem para evitar contaminação e, depois de utilizados, são deitados fora num recipiente adequado. Recomenda-se a utilização de uma nova ansa para cada sector de uma placa de isolamento.

Rastrear a placa:

A tampa da placa de ágar tem de ser aberta apenas o suficiente para estriar a placa com a ansa de inoculação. Minimizar a quantidade de ágar e o período de tempo em que o ágar é exposto ao ambiente durante o processo de estriagem.

Três sectores em série (t streak):

1. Esterilizar a ansa de arame.
2. Arrefecer a ansa tocando-a no bordo da placa de ágar esterilizada.
3. Mergulhar a ansa no caldo de cultura que contém a mistura de bactérias.
4. Levantar a tampa da placa apenas o suficiente para inserir o laço. Arrastar o laço sobre a superfície do terço superior da placa, para a frente e para trás, numa formação de "ziguezague".
5. A ansa apanhou milhares de bactérias que estão espalhadas pela superfície do ágar.
6. Esterilizar a ansa na chama.
7. Vire a placa a 90 graus e arraste o laço através da área que acabou de riscar duas a três vezes e continue a arrastar o laço numa formação de "ziguezague" na metade restante da placa sem tocar nessa área novamente.
8. Esterilizar a ansa na chama.
9. Rodar a placa 90 graus. Repetir o procedimento. Arraste o laço duas a três vezes através da área que acabou de riscar e preencha a área restante da placa (formação de ziguezague), tendo muito cuidado para não tocar em nenhuma das áreas que anteriormente riscou.
10. Incubar a placa durante 24 horas. Se a sementeira tiver sido feita corretamente, verá colónias isoladas no terceiro sector. O crescimento mais acentuado será no primeiro sector. Haverá menos crescimento e algumas colónias isoladas no segundo sector. A terceira área deve ter o menor crescimento com colónias isoladas.

Quatro Quadrantes:

1 . Desapertar a tampa do frasco que contém o inóculo.
2 . Segurar uma ansa de inoculação com a mão direita.
3 . Queimar o laço e deixar arrefecer.
4 . Levantar o tubo de ensaio que contém o inóculo com a mão esquerda.

5 . Retirar a tampa/tampão de algodão do tubo de ensaio com o dedo mindinho da mão direita.
6 . Queimar o gargalo do tubo de ensaio.
7 . Introduzir a ansa no caldo de cultura e retirar. Manter sempre a ansa tão imóvel quanto possível.
8 . Voltar a inflamar o gargalo do tubo de ensaio.
9 . Voltar a colocar a tampa/tampão de algodão do tubo de ensaio com o dedo mindinho da mão direita. Colocar o tubo de ensaio num suporte. Para uma cultura líquida, mergulhar a ansa no caldo, ou para meios sólidos, tocar ligeiramente numa colónia com a ansa.
10 Levantar parcialmente a tampa da placa de Petri que contém o meio sólido.
11 Colocar uma alça de cultura na superfície de ágar da área 1. Incendiar a ansa e arrefecê-la durante 5 segundos, tocando numa parte não utilizada da superfície de ágar, perto da periferia da placa, e depois arrastá-la rapidamente várias vezes através da superfície da área 1.
12 Retirar a ansa e fechar a placa de Petri.
13 Voltar a inflamar e arrefecer a ansa, rodar a placa de Petri a 90°C e, em seguida, encostar a ansa a um canto da cultura na área 1 e arrastá-la várias vezes através do ágar na área 2, batendo algumas vezes na linha original. A ansa não deve voltar a entrar na área 1.
14 Retirar a ansa e fechar a placa de Petri.
15 Requeimar e arrefecer a ansa e rodar novamente o prato 90°C no sentido contrário ao dos ponteiros do relógio.
16 Retirar a ansa e fechar a placa de Petri.
17 .ligar a ansa, rodar novamente a placa a 90°C e, em seguida, arrastar a cultura de um canto da área 3 para a área 4, contactando várias vezes com a área 3 e arrastando a cultura como ilustrado. Utilizar uma linha mais larga. Não deixar que a ansa toque em nenhuma das áreas previamente tracejadas. A inflamação da ansa nos pontos indicados destina-se a efetuar a diluição da cultura, de modo a que sejam semeados menos organismos em cada área, resultando na separação final desejada.
18 Retirar a ansa e fechar a placa de Petri.
19 .fecha a placa com fita adesiva e incuba a placa em posição invertida numa incubadora durante 24-48 horas.
20 .chama o laço antes de o pôr de lado.

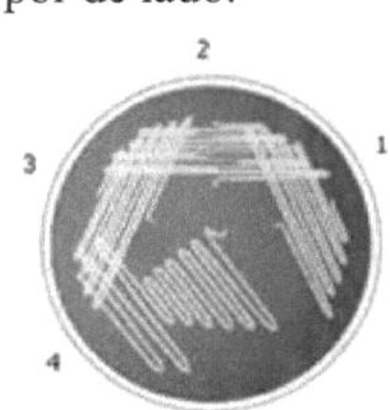

Figura 26. Método da sequência de quadrantes

A área de inoculação inicial e a primeira estria produzem um crescimento pesado.

1. A área da segunda linha da área 1 produz um crescimento denso.
2. A área da terceira linha da área2 produz um crescimento fraco.
3. A área da quarta linha a partir da área3 produz colónias simples.

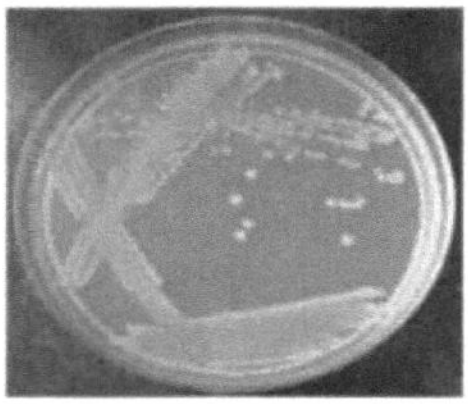

Figura 27. Colónia de *Staphylococcus aureus* em ágar nutriente

30.Slide Técnicas de cultura de fungos

Objectivos:

/ Familiarizar-se com as técnicas de cultura micológica.

/ Visualizar e identificar os componentes estruturais dos fungos.

Princípio:

Os fungos são um grupo de protistas eucariotas que não possuem clorofila. Vimos o crescimento aveludado azul e verde nas laranjas e limões em decomposição, bem como nos queijos estragados, o crescimento peludo cinzento-esbranquiçado no pão e na compota e os cogumelos nos campos. Estes são os corpos de vários fungos. Assim, os fungos têm uma diversidade de aspetos morfológicos, dependendo da espécie. Os fungos compreendem os bolores e as leveduras. Os bolores são filamentosos e multicelulares, enquanto as leveduras são geralmente unicelulares.

Materiais necessários:

Cultura:

Cultura de fungos com 7-10 dias

Meios de comunicação social:

Ágar Sabouraud

Equipamentos:

z Placa de Petri esterilizada

z Papel de filtro (9 cm de diâmetro)

z Vareta de vidro em forma de U

z Lâminas de microscópio e lamelas (estéreis)

placa de Sabouraud com cultura mista de fungos

z Placa de ágar Sabouraud esterilizada

z Coloração azul de algodão com lactofenol

z Tubo capilar de vidro

z Bisturi

z Agulha de inoculação

z Água destilada esterilizada
z Etanol a 95%
z Fórceps
Procedimento:

A) Preparação da cultura de lâminas

1. Colocar assepticamente, com uma pinça, uma folha de papel de filtro esterilizado numa placa de Petri.
2. Colocar uma vareta de vidro esterilizada em forma de U sobre o papel de filtro. (A vareta pode ser esterilizada por chama, se for segurada por uma pinça).
3. Deitar água esterilizada suficiente (cerca de 4 ml) no papel de filtro para o humedecer completamente.
4. Com uma pinça, colocar uma lâmina esterilizada na haste em forma de U
5. Esterilizar com um bisturi e cortar um bloco quadrado de 5 mm do meio da placa de ágar de Sabouraud ou do meio de Emmons
6. Pegar no bloco de ágar, introduzindo o bisturi, e transferir cuidadosamente este bloco, de forma asséptica, para o centro da lâmina.
7. Inocular quatro lados do quadrado de ágar com esporos ou fragmentos miceliais do fungo a examinar. Assegurar-se de que a ansa é flamejada e arrefecida antes de recolher os esporos.
8. Colocar, de forma asséptica, uma tampa de vidro esterilizada na superfície superior do cubo de ágar.
9. Colocar a tampa na placa de Petri e incubar à temperatura ambiente durante 48 horas.
10. Passadas 48 horas, examinar a lâmina com pouca potência. Se tiver havido crescimento, haverá crescimento de hifas e produção de esporos. Se o crescimento for inadequado e os esporos não forem evidentes, deixar o bolor crescer durante mais 24-48 horas antes de fazer as lâminas coradas.

Aplicação da mancha

- Colocar uma gota de corante azul de algodão de lactofenol numa lâmina de microscópio limpa.
- Retirar o vidro de cobertura da cultura em lâmina e deitar fora o bloco de ágar.
- Adicionar uma gota de etanol a 95% às hifas no vidro de cobertura. Logo que a maior parte do álcool tenha evaporado, colocar a lamínula, com o lado do molde virado para baixo, sobre a gota de lactofenol azul algodão na lâmina.

Examinar a lâmina ao microscópio

Referências

1. "Laboratory Manual for Biology" de Sylvia S. Mader e Michael Windelspecht - Oferece uma coleção abrangente de exercícios de laboratório que cobrem vários tópicos de biologia.

2. "Biology: Lab Manual" da McGraw-Hill Education - Fornece actividades práticas e experiências que se alinham com o conteúdo dos cursos de biologia do ensino secundário.

3. "Biology Laboratory Manual" de Darrell Vodopich e Randy Moore - Inclui protocolos pormenorizados e instruções passo a passo para a realização de experiências de biologia num ambiente laboratorial.

4. "AP Biology Investigative Labs: An Inquiry-Based Approach" by College Board - Especificamente concebido para estudantes de Biologia AP, este manual inclui investigações laboratoriais baseadas em inquéritos.

5. "Exploring Life: Manual de Laboratório" de Nancy Albritton - Um manual de laboratório de fácil utilização, centrado na aprendizagem baseada na investigação e em experiências de investigação.

6. "Laboratory Manual for Human Biology" de Sylvia Mader - Inclui exercícios de laboratório e actividades relacionadas com a biologia e anatomia humanas.

7. "Investigating Biology Laboratory Manual" de Jane B. Reece, Lisa A. Urry e Michael L. Cain - Fornece uma variedade de laboratórios de investigação que complementam os conteúdos abordados nos cursos de biologia.

8. "Biologia: Manual de Laboratório para o Telecurso Ciclos da Vida: Exploring Biology" de Alton Biggs - Concebido para ensino à distância ou telecursos, este manual inclui laboratórios virtuais e actividades práticas.

9. "Biologia: Laboratory Manual for Non-Science Majors" de James W. Perry e David Morton - Adequado para estudantes com formação não superior em ciências, este manual cobre conceitos básicos de biologia através de experiências laboratoriais.

10. "Hands-On Labs: Biology Laboratory Manual" da Hands-On Labs - Oferece uma coleção de laboratórios de biologia virtuais e práticos que podem ser realizados em casa ou na escola.

11. "Biology: Laboratory Manual" de Neil A. Campbell e Jane B. Reece - Fornece uma série de exercícios e actividades de laboratório para reforçar os conceitos de biologia.

12. "Laboratory Manual for General Biology" de James W. Perry, David Morton e Joy B. Perry - Inclui laboratórios de biologia introdutórios adequados para estudantes do ensino secundário.

13. "Essential Biology Lab Manual" de Sylvia S. Mader - Oferece exercícios e actividades laboratoriais essenciais que se alinham com as normas curriculares de biologia.

14. "Biology: Manual de Laboratório" de Kenneth R. Miller e Joseph S.

Levine - Inclui laboratórios baseados em inquéritos e actividades práticas para estudantes de biologia do ensino secundário.
15. "Principles of Biology Laboratory Manual" de Robert J. Wurtz II e Greg Wilson - Apresenta uma série de investigações laboratoriais centradas nos princípios fundamentais da biologia.
16. "Biology Laboratory Manual for Science Majors" de Darrell Vodopich e Randy Moore - Concebido para licenciados em ciências, este manual inclui laboratórios e experiências avançadas de biologia.
17. "Investigations in Biology Laboratory Manual" de Donna DeFranco e Leslie Luebbers - Oferece laboratórios de investigação e actividades que promovem o pensamento crítico e a capacidade de resolução de problemas.
18. "Biological Investigations: Form, Function, Diversity, and Process" de Warren D. Dolphin - Inclui laboratórios práticos e experiências que exploram conceitos e processos biológicos.
19. "Laboratory Manual for Introductory Biology" de Corinne W. Rasmussen e Edward L. Braun - Fornece laboratórios de biologia introdutórios adequados a estudantes do ensino secundário com diferentes níveis de experiência.
20. "Experimental Biology: A Laboratory Manual" de Robert J. Reid - Oferece uma coleção de laboratórios de biologia experimental que cobrem tópicos como genética, ecologia e fisiologia.
21. "Biology: Laboratory Exercises" de Darrell S. Vodopich e Randy Moore - Inclui uma série de exercícios de laboratório e experiências que reforçam os conceitos de biologia.
22. "Inquérito em Ação: Investigating Matter and Energy" de Paul D. Robinson, Linda R. Robinson e Michael W. Klymkowsky - Centra-se em laboratórios baseados em investigação que investigam conceitos biológicos relacionados com matéria e energia.
23. "Investigations in Environmental Science: A Case-Based Approach" de William C. Johnson e Sean P. McDonough - Inclui laboratórios de ciências ambientais e actividades adequadas para estudantes do ensino secundário.
24. "Biology: Laboratory Manual for Concepts and Connections" de Neil A. Campbell, Jane B. Reece, Martha R. Taylor e Eric J. Simon - Fornece exercícios de laboratório alinhados com os conceitos abordados nos manuais de biologia.
25. "Exploring Life: An Inquiry-Based Approach" de Yael Avissar - Oferece laboratórios e actividades baseadas em investigação que envolvem os alunos na exploração de conceitos biológicos.
26. "Laboratory Manual for Human Biology Concepts and Current Issues" de Michael D. Johnson - Centra-se em exercícios laboratoriais relacionados com conceitos de biologia humana e questões actuais em biologia.
27. "Biology Lab Manual for the Telecourse Cycles of Life: Exploring Biology", de Darrell S. Vodopich e Randy Moore - Inclui laboratórios virtuais

e actividades práticas adequadas ao ensino à distância ou aos formatos de telecurso.

28. "Biology: The Unity and Diversity of Life Laboratory Manual" de Cecie Starr, Ralph Taggart, Christine Evers e Lisa Starr - Fornece exercícios de laboratório que reforçam os conceitos de unidade e diversidade da vida.

29. "Microbiology Laboratory Theory & Application" de Michael J. Leboffe e Burton E. Pierce - Inclui laboratórios de microbiologia e experiências adequadas para estudantes do ensino secundário interessados em microbiologia.

30. "Laboratory Manual for General, Organic, and Biological Chemistry" de Karen C. Timberlake - Oferece exercícios de laboratório que abrangem conceitos de química relevantes para a biologia e bioquímica.

MIX
Papier aus verantwortungsvollen Quellen
Paper from responsible sources
FSC® C105338

Printed by Books on Demand GmbH, Norderstedt / Germany